小学**6**年生
文章題にぐーんと強くなる

学習指導要領対応

KUMON

1 文字を使った式①

1 みかんが, 1ふくろと4個あります。みかんの数は全部で12個だそうです。みかんは, 1ふくろに何個入っていますか。1ふくろのみかんの数をx個として式に表し, 答えを求めましょう。〔10点〕

式 $x+4=12$

$x=12-4$

$x=\boxed{}$

答え $\boxed{}$ 個

2 みかんが, 1ふくろと5個あります。みかんの数は全部で14個だそうです。みかんは, 1ふくろに何個入っていますか。1ふくろのみかんの数をx個として式に表し, 答えを求めましょう。〔10点〕

式 $x+5=14$

$x=$

答え

3 さくらさんは, おこづかいを何円か持っています。きょう, お母さんから50円もらったので, 全部で85円になりました。さくらさんは, はじめに何円持っていましたか。はじめに持っていたお金をx円として式に表し, 答えを求めましょう。

〔15点〕

式

答え

4 油がかんに入っています。きょう, このかんに油を20L入れたので, かんの油は25Lになりました。はじめに, 油はかんの中に何L入っていましたか。はじめの油の量をxLとして式に表し, 答えを求めましょう。〔15点〕

式

答え

5 ゆうなさんは，本を28さつ持っています。きょう，お母さんが本を買ってくれたので，全部で32さつになりました。お母さんは，本を何さつ買ってくれましたか。お母さんが買ってくれた本の数を x さつとして式に表し，答えを求めましょう。〔10点〕

式 $28 + x = 32$

$x = 32 - 28$

$x = \boxed{}$

答え $\boxed{}$ さつ

6 ひろとさんは，本を37さつ持っています。きょう，お母さんが本を買ってくれたので，全部で40さつになりました。お母さんは，本を何さつ買ってくれましたか。お母さんが買ってくれた本の数を x さつとして式に表し，答えを求めましょう。〔10点〕

式 $37 + x = 40$

$x =$

答え

7 あかりさんは，50円持っていました。きょう，お父さんから何円かもらったので，130円になりました。あかりさんは，お父さんから何円もらいましたか。お父さんからもらったお金を x 円として式に表し，答えを求めましょう。〔15点〕

式

答え

8 ゆうまさんは，60円の消しゴムと何円かのノートを買って，全部で180円はらいました。ノートのねだんは何円ですか。ノートのねだんを x 円として式に表し，答えを求めましょう。〔15点〕

式

答え

2 文字を使った式②

1 1本3gのくぎの本数と全体の重さとの関係を考えます。

① くぎの本数を x 本，重さを y gとして，くぎの全体の重さを求める式を書きましょう。〔5点〕

式 $3 \times x = y$

② x が4のときの y の値を求め，くぎ全体の重さを答えましょう。〔5点〕

式 $3 \times 4 =$

答え _____

③ y が18のときの x の値を求め，くぎの本数を答えましょう。〔10点〕

式

答え _____

2 1さつ120円のノートがあります。このノートの数と代金との関係を考えます。

〔1問10点〕

① 買うノートの数を x さつ，代金を y 円として，代金を求める式を書きましょう。

式 _____

② x が3のときの y の値を求め，代金を答えましょう。

式

答え _____

③ y が960のときの x の値を求め，買うノートの数を答えましょう。

式

答え _____

3 赤いテープがあり，これを15本に等分します。赤いテープの長さと等分した1本のテープの長さとの関係を考えます。

① 赤いテープの長さを x cm，1本のテープの長さを y cmとして，1本のテープの長さを求める式を書きましょう。〔5点〕

（式） $x \div 15 = y$

② x が135のときの y の値を求め，1本のテープの長さを答えましょう。〔5点〕

（式）

答え _____

③ y が6のときの x の値を求め，赤いテープの長さを答えましょう。〔10点〕

（式）

答え _____

4 あめを12人に等分します。あめの個数と等分した1人分のあめの個数との関係を考えます。〔1問10点〕

① あめの個数を x 個，1人分のあめの個数を y 個として，1人分のあめの個数を求める式を書きましょう。

（式） _____

② x が144のときの y の値を求め，1人分のあめの個数を答えましょう。

（式）

答え _____

③ y が8のときの x の値を求め，あめの個数を答えましょう。

（式）

答え _____

3 文字を使った式③

1 　1個80gのりんごを100gのかごに入れます。このときのりんごの個数と重さとの関係を考えます。

① 　りんごの個数をx個，全体の重さをygとして，全体の重さを求める式を書きましょう。〔5点〕

式 　$80 \times x + 100 = y$

② 　xが4のときのyの値を求め，全体の重さを答えましょう。〔5点〕

式 　$80 \times 4 + 100 =$

答え 　　　　　　　g

③ 　yが740のときのxの値を求め，りんごの個数を答えましょう。〔10点〕

式

答え

2 　1さつ120円のノートを何さつかと，50円の消しゴムを1個買います。このときのノートの数と代金との関係を考えます。〔1問10点〕

① 　買うノートの数をxさつ，代金をy円として，代金を求める式を書きましょう。

式

② 　xが3のときのyの値を求め，代金を答えましょう。

式

答え

③ 　yが1010のときのxの値を求め，買うノートの数を答えましょう。

式

答え

3 水そうがあり，すでに水が5L入っています。2Lずつペットボトルを使って水そうに水を入れるとき，ペットボトルを使った回数と水そうに入っている水の量との関係を考えます。〔1問10点〕

① ペットボトルを使った回数をx回，水そうに入っている水の量をyLとして，水そうを求める式を書きましょう。

式 $5 + 2 \times x = y$

② xが6のときのyの値を求め，水そうに入っている水の量を答えましょう。

式

答え _____

③ yが35のときのxの値を求め，ペットボトルを使った回数を答えましょう。

式

答え _____

4 家から学校に向かって，分速60mで歩いています。すでに5分歩いて，家から300mはなれた公園に着いているとき，家から学校までのきょりと，公園から学校までかかる時間との関係を考えます。

① 公園から学校までかかる時間をx分，家から学校までのきょりをymとして，家から学校までのきょりを求める式を書きましょう。〔5点〕

式 _____

② xが10のときのyの値を求め，家から学校までのきょりを答えましょう。〔5点〕

式

答え _____

③ yが2700のときのxの値を求め，公園から学校までにかかる時間を答えましょう。〔10点〕

式

答え _____

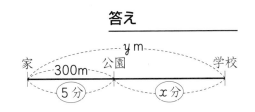

4 文字を使った式④

答え➡ 別冊解答
2ページ

1 底辺の長さが5cmの三角形の，高さと面積との関係を考えます。
① 高さを$x$cm，面積を$y$cm²として，三角形の面積を
求める式を書きましょう。〔5点〕

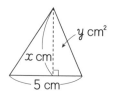

式 $5 \times x \div 2 = y$

② xが6のときのyの値を求め，面積を答えましょう。〔5点〕

式

答え

③ yが24のときのxの値を求め，高さを答えましょう。〔10点〕

式

答え

2 たての長さが7cmの長方形の，横の長さと面積との関係を
考えます。〔1問10点〕

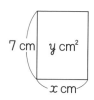

① 横の長さを$x$cm，面積を$y$cm²として，長方形の面積を
求める式を書きましょう。

式

② xが12のときのyの値を求め，面積を答えましょう。

式

答え

③ yが105のときのxの値を求め，横の長さを答えましょう。

式

答え

3 高さが5cmの平行四辺形の，底辺の長さと面積との関係を考えます。

① 底辺を x cm，面積を y cm²として，平行四辺形の面積を
求める式を書きましょう。〔5点〕

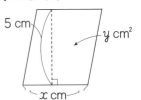

式 _____

② x が6のときの y の値を求め，面積を答えましょう。〔5点〕

式

答え _____

③ y が24のときの x の値を求め，底辺の長さを答えましょう。〔10点〕

式

答え _____

4 一方の対角線の長さが10cmのひし形の，もう一方の対角線の長さと面積との関係を考えます。〔1問10点〕

① もう一方の対角線の長さを x cm，面積を y cm²として，
ひし形の面積を求める式を書きましょう。

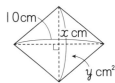

式 _____

② x が6のときの y の値を求め，面積を答えましょう。

式

答え _____

③ y が24のときの x の値を求め，もう一方の対角線の長さを答えましょう。

式

答え _____

答え▶ 別冊解答
2ページ

1 正三角形があります。この正三角形の１辺の長さとまわりの長さとの関係を考えます。

① １辺の長さを x cm，まわりの長さを y cmとして，まわりの長さを求める式を書きましょう。〔5点〕

x cm

式　_____

② x が５のときの y の値を求め，まわりの長さを答えましょう。〔5点〕

式

答え _____

③ y が36のときの x の値を求め，１辺の長さを答えましょう。〔10点〕

式

答え _____

2 １分間で10Lの水が出るじゃ口で，お風呂にお湯を入れます。お湯を入れている時間とたまったお湯の量との関係を考えます。〔1問10点〕

① お湯を入れている時間を x 分，たまったお湯の量を y Lとして，たまったお湯の量を求める式を書きましょう。

式　_____

② x が５のときの y の値を求め，お風呂にたまったお湯の量を答えましょう。

式

答え _____

③ y が75のときの x の値を求め，お湯を入れている時間を答えましょう。

式

答え _____

3 100円のジュースを1本と，80円のパンをいくつか買います。買ったパンの個数と代金との関係を考えます。〔1問10点〕

① パンの個数を x 個，代金を y 円として，代金を求める式を書きましょう。

式 _____

② x が12のときの y の値を求め，代金を答えましょう。

式

答え _____

③ $y=1460$ のときの x の値を求め，買ったパンの個数を答えましょう。

式

答え _____

4 下底の長さが8cm，高さが10cmの台形の，上底の長さと面積との関係を考えます。

① 上底の長さを x cm，面積を y cm² として，台形の面積を求める式を書きましょう。〔5点〕

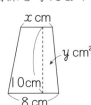

式 $(x+8) \times 10 \div 2 = y$

② x が6のときの y の値を求め，面積を答えましょう。〔5点〕

式

答え _____

③ y が60のときの x の値を求め，上底の長さを答えましょう。〔10点〕

式

答え _____

6 分数のたし算と ひき算①

答え▶ 別冊解答 2・3ページ

1 赤いテープが $\frac{3}{8}$ m，白いテープが $\frac{5}{16}$ m あります。テープはあわせて何mありますか。〔5点〕

（式）

答え _____

2 $\frac{1}{5}$ kg のふくろに，くりを $\frac{7}{15}$ kg 入れました。全体の重さは何kgになりますか。〔5点〕

（式）

答え _____

3 みかんがかごに $\frac{1}{6}$ kg，箱に $\frac{7}{15}$ kg 入っています。みかんは全部で何kgありますか。〔9点〕

（式）

答え _____

4 工作ではり金を $\frac{2}{5}$ m 使いましたが，まだ $\frac{7}{20}$ m 残っています。はり金ははじめに何mありましたか。〔9点〕

（式）

答え _____

5 水がやかんに $\frac{5}{12}$ L 入っています。そこへ水を $\frac{5}{6}$ L 入れました。やかんの水は何Lになりましたか。〔9点〕

（式）

答え _____

6 たくみさんの家から図書館までは $1\frac{1}{6}$ km，図書館から駅までは $\frac{8}{15}$ km あります。たくみさんの家から図書館を通って駅までは何kmありますか。〔9点〕

（式）

答え _____

7 工作でテープを$1\frac{5}{6}$m使ったので，残りが$\frac{13}{18}$mになりました。テープははじめ何mありましたか。〔9点〕

(式)

答え _____

8 灯油がかんに$1\frac{7}{10}$L入っています。そこへ灯油を$\frac{2}{3}$L入れました。かんの灯油は全部で何Lになりましたか。〔9点〕

(式)

答え _____

9 さとうがふくろに$\frac{5}{8}$kg，かんに$1\frac{11}{24}$kg入っています。さとうはあわせて何kgありますか。〔9点〕

(式)

答え _____

10 ひかりさんは，花だんの$1\frac{4}{15}$m²にヒヤシンスを，$1\frac{5}{6}$m²にチューリップを植えました。あわせて何m²に植えましたか。〔9点〕

(式)

答え _____

11 白いリボンが$1\frac{3}{8}$m，黄色いリボンが$1\frac{5}{24}$mあります。リボンはあわせて何mありますか。〔9点〕

(式)

答え _____

12 みかんが3つのかごにそれぞれ$\frac{3}{4}$kg，$\frac{2}{3}$kg，$\frac{5}{6}$kg入っています。みかんは全部で何kgありますか。〔9点〕

(式)

答え _____

7 分数のたし算と ひき算②

1 はり金が $\frac{11}{12}$ m ありました。工作でそのうちの $\frac{5}{6}$ m を使いました。はり金は何m残っていますか。〔5点〕

（式）

答え _____

2 ジュースが $\frac{14}{15}$ L ありました。そのうちの $\frac{2}{3}$ L を飲みました。ジュースは何L残っていますか。〔5点〕

（式）

答え _____

3 さとうが $\frac{5}{6}$ kg あります。そのうちの $\frac{1}{12}$ kg を使うとさとうは何kg残りますか。〔9点〕

（式）

答え _____

4 青いリボンが $\frac{7}{12}$ m ありました。はるひさんはそのうちの $\frac{1}{4}$ m 使いました。青いリボンは何m残っていますか。〔9点〕

（式）

答え _____

5 しょう油が $1\frac{1}{4}$ L ありました。お母さんは料理にそのうちの $\frac{7}{10}$ L を使いました。しょう油は何L残っていますか。〔9点〕

（式）

答え _____

6 さとうが $\frac{3}{4}$ kg，塩が $1\frac{1}{6}$ kg あります。さとうと塩の重さのちがいは何kgですか。〔9点〕

（式）

答え _____

7 紙テープが$1\frac{1}{6}$mありました。ゆうなさんは、そのうちの$\frac{1}{2}$mを使いました。紙テープは何m残っていますか。〔9点〕

（式）

答え _____

8 米が$\frac{5}{18}$kgの重さのかんに入っています。全体の重さをはかると$1\frac{1}{9}$kgでした。米だけの重さは何kgですか。〔9点〕

（式）

答え _____

9 くりが$2\frac{5}{12}$kgとれました。そのうちの$\frac{3}{4}$kgをとなりの家にあげました。くりは何kg残っていますか。〔9点〕

（式）

答え _____

10 牛にゅうが$2\frac{3}{10}$Lありました。だいちさんはそのうちの$\frac{4}{5}$L飲みました。牛にゅうは何L残っていますか。〔9点〕

（式）

答え _____

11 りんごが$1\frac{14}{15}$kg、みかんが$2\frac{1}{6}$kgあります。りんごとみかんとではどちらのほうが何kg多いですか。〔9点〕

（式）

答え _____

12 えいたさんの家から学校までは$\frac{14}{15}$km、家から図書館までは$1\frac{2}{45}$kmです。家から学校までより、家から図書館までのほうが何km遠いですか。〔9点〕

（式）

答え _____

分数のたし算とひき算 **17**

分数の
かけ算とわり算①

1 1ふくろにさとうが$\frac{1}{5}$kg入っています。このさとう4ふくろ分の重さは何kgになりますか。〔6点〕

式 $\frac{1}{5} \times 4 = \frac{1 \times 4}{5} = \frac{\square}{5}$

答え $\dfrac{\square}{\square}$ kg

2 3本のびんに，ジュースが$\frac{2}{7}$Lずつ入っています。ジュースは全部で何Lありますか。〔6点〕

式 $\frac{2}{7} \times 3 =$

答え ____ L

3 1個$\frac{1}{6}$kgの包みが5個あります。包み全部の重さは何kgになりますか。〔8点〕

式

答え ____

4 牛にゅうを1つのコップに$\frac{3}{10}$Lずつ入れます。3つのコップに入れるには，牛にゅうは何Lあればよいでしょうか。〔8点〕

式

答え ____

5 1本のテープを$\frac{2}{5}$mずつに切ったら，ちょうど3本とれました。テープは，はじめに何mありましたか。〔8点〕

式

答え ____

6 1m²のかべをぬるのに$\frac{2}{9}$dLのペンキを使います。5m²のかべをぬるには，何dLのペンキが必要ですか。〔8点〕

式

答え ____

7 3本のびんに，牛にゅうが $\frac{2}{9}$ L ずつ入っています。牛にゅうは全部で何 L ありますか。〔8点〕

式 $\frac{2}{9} \times 3 = \frac{2 \times \overset{1}{3}}{\underset{3}{9}} = \frac{2}{\boxed{}}$

答え $\boxed{}$ L

8 1ふくろに塩が $\frac{5}{18}$ kg 入っています。この塩 6 ふくろ分の重さは何 kg になりますか。〔8点〕

式 $\frac{5}{18} \times 6 =$

答え kg

9 1本のリボンを $\frac{1}{6}$ m ずつに切ったら，ちょうど 4 本とれました。リボンは，はじめに何 m ありましたか。〔8点〕

式

答え

10 へいにペンキをぬります。1m² をぬるのに $\frac{3}{8}$ dL のペンキを使います。4 m² をぬるには，何 dL のペンキが必要ですか。〔8点〕

式

答え

11 水そうに，$\frac{4}{5}$ L 入りのバケツで 10 ぱい水を入れました。水は何 L 入りましたか。〔8点〕

式

答え

12 1辺の長さが $\frac{5}{6}$ cm の正方形があります。この正方形のまわりの長さは何 cm ありますか。〔8点〕

式

答え

13 1個 $\frac{4}{9}$ kg のかんづめがあります。このかんづめ 6 個の重さは何 kg になりますか。〔8点〕

式

答え

9 分数の かけ算とわり算②

答え⟶ 別冊解答 4ページ

1 1分間に3Lの水が出るホースで，池に水を入れます。$\frac{1}{5}$分間では，何Lの水を池に入れることになりますか。〔6点〕

式 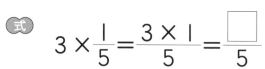　$3 \times \frac{1}{5} = \frac{3 \times 1}{5} = \frac{\boxed{}}{5}$

　答え ____ L

2 1mの重さが4kgの鉄のぼうがあります。この鉄のぼう$\frac{2}{9}$mの重さは何kgですか。〔6点〕

式 　$4 \times \frac{2}{9} =$

答え ____ kg

3 ペンキ1Lで5m²のかべをぬることができます。このペンキ$\frac{1}{8}$Lでは，何m²のかべをぬることができますか。〔8点〕

式

答え ____

4 1分間に8Lの水がわき出るいずみがあります。$\frac{2}{15}$分間では何Lの水がわき出ますか。〔8点〕

式

答え ____

5 畑に薬をまきます。1m²あたり2dLの薬をまくとすると，$\frac{4}{5}$m²の畑には何dLの薬をまくことになりますか。〔8点〕

式

答え ____

6 1Lのガソリンで9km走る自動車があります。この自動車は，$\frac{2}{5}$Lのガソリンで何km走りますか。〔8点〕

式

答え ____

7 1mの重さが2kgの鉄パイプがあります。この鉄パイプ$\frac{3}{8}$mの重さは何kgですか。〔8点〕

$$2 \times \frac{3}{8} = \frac{\overset{1}{2} \times 3}{\underset{4}{8}} = \frac{3}{\Box}$$

答え $\frac{\Box}{\Box}$ kg

8 1分間に2Lの水が水道から流れ出ています。$\frac{3}{4}$分間では、何Lの水が流れ出ますか。〔8点〕

式 $2 \times \frac{3}{4} =$

答え　　　　　L

9 1時間に8m²ずつ草取りをします。$\frac{5}{6}$時間では、何m²の草取りができますか。
〔8点〕

式

答え

10 工作で、1mの重さが40gのはり金を$\frac{5}{8}$m使いました。使ったはり金の重さは何gですか。〔8点〕

式

答え

11 1mのねだんが80円のリボンがあります。このリボン$\frac{3}{4}$mのねだんは何円ですか。〔8点〕

式

答え

12 1mのねだんが120円の布があります。この布$\frac{5}{6}$mのねだんは何円ですか。〔8点〕

式

答え

13 1kgのねだんが600円の豆を$\frac{1}{5}$kg買いました。豆の代金は何円ですか。〔8点〕

式

答え

10 分数の かけ算とわり算③

答え➡ 別冊解答 4・5ページ

1 1mの重さが$\frac{1}{5}$kgのはり金があります。このはり金$\frac{3}{4}$mの重さは何kgですか。

〔6点〕

式 $\frac{1}{5} \times \frac{3}{4} = \frac{1 \times 3}{5 \times 4} = \frac{3}{\boxed{}}$

答え $\boxed{}$ kg

2 ペンキ1dLで$\frac{5}{6}$m²のかべをぬることができます。このペンキ$\frac{1}{3}$dLでは，何m²の かべをぬることができますか。〔8点〕

式

答え _____

3 1分間に$\frac{3}{4}$Lの水がわき出るいずみがあります。$\frac{5}{8}$分間では，何Lの水がわき 出ますか。〔8点〕

式

答え _____

4 1分間に$\frac{6}{7}$m進むおもちゃのロボットがあります。$\frac{3}{5}$分間では，何m進みますか。

〔8点〕

式

答え _____

5 1Lの重さが$\frac{4}{3}$kgのジュースがあります。このジュース$\frac{2}{5}$Lの重さは何kgです か。〔8点〕

式

答え _____

6 ペンキ1dLで$\frac{7}{5}$m²の板をぬることができます。このペンキ$\frac{3}{4}$dLでは，何m²の板 をぬることができますか。〔8点〕

式

答え _____

7 ペンキ１dLで$\frac{3}{4}$m²のかべをぬることができます。このペンキ$\frac{5}{6}$dLでは，何m²の
かべをぬることができますか。〔6点〕

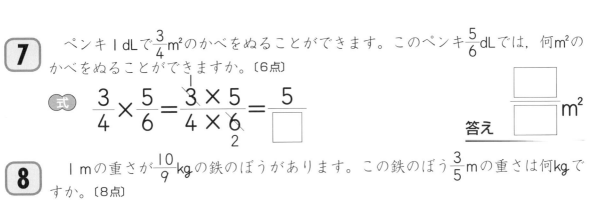

式 $\frac{3}{4} \times \frac{5}{6} = \frac{3 \times 5}{4 \times 6} = \frac{5}{\square}$

答え $\frac{\square}{\square}$m²

8 １mの重さが$\frac{10}{9}$kgの鉄のぼうがあります。この鉄のぼう$\frac{3}{5}$mの重さは何kgで
すか。〔8点〕

式　　　　　　　　　　　　　　　　答え

9 たてが$\frac{4}{9}$m，横が$\frac{3}{10}$mの長方形の形をした厚紙があります。この厚紙の面積は
何m²ですか。〔8点〕

式　　　　　　　　　　　　　　　　答え

10 たてが$\frac{4}{5}$m，横が$\frac{5}{12}$mの長方形の形をした板があります。この板の面積は何m²
になりますか。〔8点〕

式　　　　　　　　　　　　　　　　答え

11 たてが$\frac{8}{9}$m，横が$\frac{7}{2}$mの長方形の形をした花だんがあります。この花だんの面
積は何m²ですか。〔8点〕

式　　　　　　　　　　　　　　　　答え

12 １dLのペンキで$\frac{5}{6}$m²のかべをぬることができます。このペンキ$\frac{11}{10}$dLでは，
何m²のかべをぬることができますか。〔8点〕

式　　　　　　　　　　　　　　　　答え

13 畑１m²から$\frac{8}{9}$kgの小麦がとれるとすると，$\frac{15}{4}$m²の畑からは何kgの小麦がとれ
ますか。〔8点〕

式　　　　　　　　　　　　　　　　答え

11 分数の かけ算とわり算④

1 そうたさんの家では, 1日に牛にゅうを $1\frac{1}{3}$ L 飲みます。2日間では何Lの牛にゅうが必要ですか。〔10点〕

帯分数は仮分数になおして計算します。

式 $1\frac{1}{3} \times 2 = \frac{4}{3} \times 2$

$= \frac{4 \times 2}{3} = \frac{\square}{3} = \square\frac{\square}{\square}$

$\square\frac{\square}{\square}$ L

答え _____

2 1mの重さが4kgの鉄のぼうがあります。この鉄のぼう $1\frac{1}{5}$ mの重さは何kgですか。〔10点〕

式 $4 \times 1\frac{1}{5} =$

答え _____ kg

3 1dLのペンキで $1\frac{3}{4}$ m²の板をぬることができます。このペンキ5dLでは, 何m²の板をぬることができますか。〔10点〕

式

答え _____

4 1分間に3m進むおもちゃのロボットがあります。 $1\frac{1}{4}$ 分間では, 何m進みますか。

〔10点〕

式

答え _____

5 いずみから1分間に $1\frac{2}{3}$ Lの水がわき出ています。7分間では何Lの水がわき出ますか。〔10点〕

式

答え _____

6 米が$1\frac{1}{8}$kgずつ入ったふくろが4ふくろあります。米の重さは全部で何kgですか。

〔10点〕

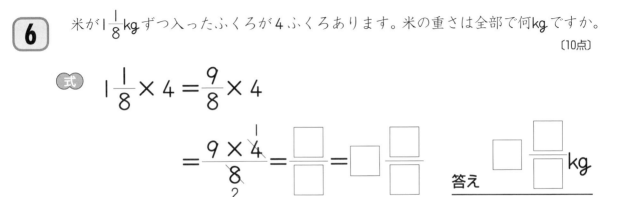

(式) $1\frac{1}{8} \times 4 = \frac{9}{8} \times 4$

$$= \frac{9 \times \overset{1}{4}}{\underset{2}{8}} = \frac{\Box}{\Box} = \Box\frac{\Box}{\Box} \qquad 答え \quad \Box\frac{\Box}{\Box}\text{kg}$$

7 1mのねだんが160円のリボンがあります。このリボン$2\frac{3}{4}$mの代金は何円ですか。〔10点〕

(式) $160 \times 2\frac{3}{4} =$

答え _____ 円

8 1mの重さが$1\frac{4}{5}$kgのパイプがあります。このパイプ15mの重さは何kgですか。

〔10点〕

(式)

答え _____

9 たてが$2\frac{3}{4}$m, 横が2mの長方形の形をした板があります。この板の面積は何m²ですか。〔10点〕

(式)

答え _____

10 たてが$3\frac{1}{6}$m, 横が2mの長方形の形をしたすな場があります。このすな場の面積は何m²ですか。〔10点〕

(式)

答え _____

12 分数の かけ算とわり算⑤

1 1mの重さが$1\frac{3}{4}$kgの鉄のぼうがあります。この鉄のぼう$\frac{5}{6}$mの重さは何kgですか。〔5点〕

式 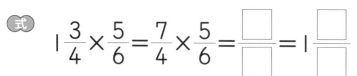 $1\frac{3}{4} \times \frac{5}{6} = \frac{7}{4} \times \frac{5}{6} = \frac{\square}{\square} = 1\frac{\square}{\square}$

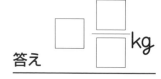 答え $\square\frac{\square}{\square}$kg

2 水そうに1分間に$1\frac{1}{7}$Lの水を入れています。$\frac{4}{5}$分間では,何Lの水が入るでしょうか。〔5点〕

式 $1\frac{1}{7} \times \frac{4}{5} = \frac{8}{7} \times \frac{4}{5}$

答え ____ L

3 ペンキ1dLで$1\frac{2}{3}$m²のかべをぬることができます。このペンキ$\frac{2}{3}$dLでは,何m²のかべをぬることができますか。〔9点〕

式

答え ____

4 花だんに肥料をまきます。1m²あたり$2\frac{2}{7}$kgの肥料をまくとすると,$\frac{4}{5}$m²の花だんには,何kgの肥料が必要ですか。〔9点〕

式

答え ____

5 1分間に$\frac{4}{5}$Lの水がわき出るいずみがあります。$2\frac{1}{5}$分間では,何Lの水がわき出ますか。〔9点〕

式

答え ____

6 1分間に$\frac{5}{6}$m進むおもちゃのロボットがあります。$6\frac{1}{3}$分間では,何m進みますか。〔9点〕

式

答え ____

7 １ｍの重さが$1\frac{4}{5}$kgのパイプがあります。このパイプ$\frac{11}{18}$mの重さは何kgですか。

〔9点〕

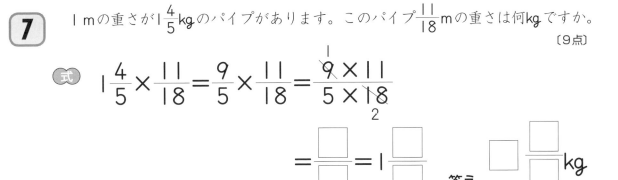

（式）　$1\frac{4}{5}\times\frac{11}{18}=\frac{9}{5}\times\frac{11}{18}=\frac{\overset{1}{\cancel{9}}\times11}{5\times\underset{2}{\cancel{18}}}$

$=\dfrac{\square}{\square}=1\dfrac{\square}{\square}$　　答え　$\dfrac{\square}{\square}$kg

8 水道から１分間に$1\frac{3}{7}$Lの水が出ています。$\frac{14}{15}$分間では，何Lの水が出ることになりますか。〔9点〕

（式）

答え

9 ペンキ１dLで$1\frac{2}{15}$m²の板をぬることができます。このペンキ$\frac{9}{10}$dLでは，何m²の板をぬることができますか。〔9点〕

（式）

答え

10 １Lの重さが$1\frac{1}{3}$kgのジュースがあります。このジュース$\frac{3}{8}$Lの重さは何kgですか。〔9点〕

（式）

答え

11 １分間に$\frac{9}{16}$m進むおもちゃのロボットがあります。$2\frac{2}{3}$分間では，何m進みますか。〔9点〕

（式）

答え

12 １Lのガソリンで$5\frac{1}{3}$km走る自動車があります。この自動車は，$\frac{9}{10}$Lのガソリンで何km走りますか。〔9点〕

（式）

答え

13 分数の かけ算とわり算⑥

答え▶ 別冊解答 6・7ページ

1 1mの重さが$1\frac{1}{7}$kgの鉄のぼうがあります。この鉄のぼう$1\frac{4}{5}$mの重さは何kgですか。〔5点〕

（式）

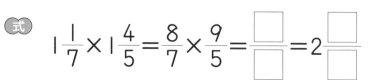

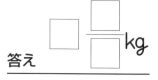

答え ☐☐kg

2 ペンキ1dLで$1\frac{1}{2}$m²のかべをぬることができます。このペンキ$1\frac{2}{5}$dLでは，何m²のかべをぬることができますか。〔5点〕

（式）

答え _____

3 1mの重さが$1\frac{7}{10}$kgの鉄のぼうがあります。この鉄のぼう$2\frac{1}{3}$mの重さは何kgですか。〔9点〕

（式）

答え _____

4 1分間に$1\frac{5}{9}$Lの水がわき出るいずみがあります。$1\frac{2}{3}$分間では何Lの水がわき出ますか。〔9点〕

（式）

答え _____

5 1分間に$2\frac{1}{4}$m進むおもちゃのロボットがあります。$1\frac{4}{5}$分間では何m進みますか。〔9点〕

（式）

答え _____

6 たてが$1\frac{7}{9}$m，横が$1\frac{7}{8}$mの長方形の形をした花だんをつくりました。この花だんの面積は何m²ですか。〔9点〕

（式）

答え _____

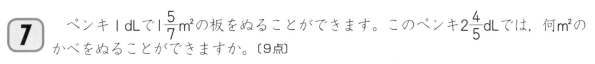

7 ペンキ1dLで$1\frac{5}{7}$m²の板をぬることができます。このペンキ$2\frac{4}{5}$dLでは，何m²のかべをぬることができますか。〔9点〕

(式)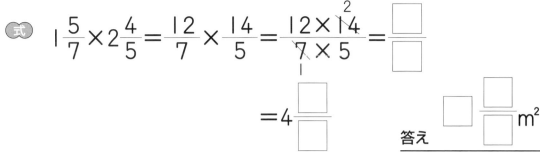

$$1\frac{5}{7} \times 2\frac{4}{5} = \frac{12}{7} \times \frac{14}{5} = \frac{12 \times \overset{2}{14}}{\underset{1}{7} \times 5} = \frac{\square}{\square}$$

$$= 4\frac{\square}{\square} \qquad \text{答え} \quad \square\frac{\square}{\square}\text{m}^2$$

8 1分間に$1\frac{1}{6}$Lずつ水そうに水を入れます。$1\frac{1}{14}$分間では，何Lの水を入れることができますか。〔9点〕

(式)

答え _____

9 1mの重さが$1\frac{7}{8}$kgの板があります。この板$3\frac{1}{3}$mの重さは何kgですか。〔9点〕

(式)

答え _____

10 たてが$1\frac{3}{10}$m，横が$1\frac{19}{26}$mの長方形の形をした花だんがあります。この花だんの面積は何m²ですか。〔9点〕

(式)

答え _____

11 1分間に$1\frac{5}{13}$m進むおもちゃのロボットがあります。$1\frac{5}{12}$分間では，何m進みますか。〔9点〕

(式)

答え _____

12 花だんに肥料をまきます。1m²あたり$1\frac{3}{5}$kgの肥料をまくとすると，$2\frac{1}{12}$m²の花だんには何kgの肥料が必要ですか。〔9点〕

(式)

答え _____

1 1本のテープを $\frac{3}{7}$ mずつに切ったら，ちょうど3本とれました。テープは，はじめに何mありましたか。〔5点〕

(式)

答え _____

2 1Lのガソリンで8km走る自動車があります。この自動車は $\frac{2}{5}$ Lのガソリンで何km走りますか。〔5点〕

(式)

答え _____

3 1mのねだんが360円のリボンがあります。このリボン $\frac{1}{6}$ mのねだんは何円ですか。〔9点〕

(式)

答え _____

4 1mの重さが $\frac{2}{9}$ kgのアルミのパイプがあります。このパイプ $\frac{2}{5}$ mの重さは何kgですか。〔9点〕

(式)

答え _____

5 ペンキ1dLで $\frac{8}{9}$ m²のかべをぬることができます。このペンキ $\frac{13}{16}$ dLでは，何m²のかべをぬることができますか。〔9点〕

(式)

答え _____

6 たてが $\frac{5}{6}$ m，横が $\frac{8}{15}$ mの長方形の形をした板があります。この板の面積は何m²になりますか。〔9点〕

(式)

答え _____

7 1 mの重さが $1\frac{2}{3}$ kgの鉄のぼうがあります。この鉄のぼう $\frac{5}{6}$ mの重さは何kgですか。〔9点〕

（式）

答え _____

8 1分間に $1\frac{2}{7}$ m進むおもちゃのロボットがあります。このロボットは $\frac{2}{3}$ 分間では何m進みますか。〔9点〕

（式）

答え _____

9 ペンキ1 dLで $1\frac{1}{10}$ m²の板をぬることができます。このペンキ $\frac{5}{11}$ dLでは，何m²の板をぬることができますか。〔9点〕

（式）

答え _____

10 畑1 m²から $3\frac{1}{2}$ kgの大豆がとれるとすると，4 m²の畑からは何kgの大豆がとれますか。〔9点〕

（式）

答え _____

11 花だんに肥料をまきます。1 m²あたり $1\frac{3}{5}$ kgの肥料をまくとすると，$4\frac{1}{6}$ m²の花だんには何kgの肥料が必要ですか。〔9点〕

（式）

答え _____

12 たてが $3\frac{3}{4}$ m，横が $1\frac{3}{5}$ mの長方形の形をした花だんがあります。この花だんの面積は何m²ですか。〔9点〕

（式）

答え _____

1 牛にゅうが $\frac{3}{4}$ L あります。これを2人で同じ量ずつ分けると，1人分は何Lになりますか。〔8点〕

式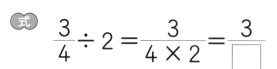

$$\frac{3}{4} \div 2 = \frac{3}{4 \times 2} = \frac{3}{\square}$$

答え  L

2 同じ重さの包み3個の重さをはかったら，$\frac{2}{5}$ kg ありました。この包み1個の重さは何kgですか。〔8点〕

式 $\frac{2}{5} \div 3 =$

答え　　　　　kg

3 $\frac{4}{7}$ kg のねん土を3人で同じ重さずつ分けると，1人分は何kgになりますか。

〔8点〕

式

答え

4 かんに油が $\frac{5}{6}$ L 入っています。これを4本のびんに同じ量ずつ分けて入れます。1本のびんの油の量は何Lになりますか。〔8点〕

式

答え

5 $\frac{7}{8}$ m² の板をぬるのに，ペンキを4dL使います。このペンキ1dLでは，何m²の板をぬることができますか。〔8点〕

式

答え

6 $\frac{3}{10}$ m² の花だんの草取りを5分間でしました。1分間に何m²の花だんの草取りをしたことになりますか。〔8点〕

式

答え

7 $\frac{6}{7}$ L のジュースを，3 人で同じ量ずつ分けます。1 人分は何 L になりますか。

〔8点〕

式 $\frac{6}{7} \div 3 = \frac{\overset{2}{6}}{7 \times \underset{1}{3}} = \frac{2}{\boxed{}}$

答え $\frac{\boxed{}}{\boxed{}}$ L

8 さとうが $\frac{8}{9}$ kg あります。これを 4 つのふくろに同じ重さずつ分けて入れます。1 ふくろに何 kg ずつ入れればよいでしょうか。〔8点〕

式 $\frac{8}{9} \div 4 =$

答え　　　　　 kg

9 同じかんづめ 4 個の重さをはかったら，$\frac{6}{7}$ kg ありました。このかんづめ 1 個の重さは何 kg ですか。〔8点〕

式

答え

10 しょう油が $\frac{10}{9}$ L あります。これを 5 本のびんに同じ量ずつ分けて入れます。1 本のびんに何 L ずつ入れればよいでしょうか。〔8点〕

式

答え

11 面積が 6 m² の花だんがあります。この花だんに $\frac{3}{5}$ kg の肥料をまきました。1 m² あたり何 kg の肥料をまいたことになりますか。〔10点〕

式

答え

12 まわりの長さが $\frac{6}{5}$ m の正方形の形をした板があります。この板の 1 辺の長さは何 m ですか。〔10点〕

式

答え

16 分数の かけ算とわり算⑨

1 長さ3mのテープがあります。このテープを$\frac{1}{2}$mずつに切っていくと，何本のテープができますか。〔6点〕

> 分数でわるときは，わる数の分母と分子を入れかえた分数をかけます。

式

$$3 \div \frac{1}{2} = 3 \times \frac{2}{1} = \boxed{}$$

答え $\boxed{}$ 本

2 粉薬が2gあります。これを$\frac{1}{5}$gずつふくろに入れていくと，何ふくろできますか。〔8点〕

式 $2 \div \frac{1}{5} =$

答え _____ ふくろ

3 ジュースが3Lあります。これを1つのコップに$\frac{1}{4}$Lずつ入れるには，コップはいくつあればよいでしょうか。〔8点〕

式

答え _____

4 くりが4kgあります。これを$\frac{1}{3}$kgずつふくろに入れていくと，何ふくろできますか。〔8点〕

式

答え _____

5 かべ1m²をぬるのにペンキを$\frac{3}{4}$dL使います。このペンキ2dLでは，何m²のかべをぬることができますか。〔8点〕

式

答え _____

6 長さが3mで，重さが$\frac{5}{6}$kgの鉄のぼうがあります。この鉄のぼう1kgの長さは何mですか。〔8点〕

式

答え _____

7 さとうが6kgあります。これを$\frac{3}{7}$kgずつふくろに入れていくと，何ふくろできますか。〔6点〕

式 $6 \div \frac{3}{7} = 6 \times \frac{7}{3} = \frac{\overset{2}{6} \times 7}{\underset{1}{3}} =$ ☐

答え ☐ ふくろ

8 小鳥のえさが4kgあります。1日に$\frac{2}{5}$kgずつあげるとすると，小鳥のえさは何日分になりますか。〔8点〕

式

答え _____

9 長さが4mのリボンがあります。このリボンから，1本$\frac{2}{3}$mのリボンは何本できますか。〔8点〕

式

答え _____

10 牛にゅうが3Lあります。毎日$\frac{3}{8}$Lずつ飲むと，何日間で飲み終えますか。〔8点〕

式

答え _____

11 米を何人かで$\frac{4}{5}$kgずつ持ってきたら，全部で8kgになりました。米を持ってきた人は何人ですか。〔8点〕

式

答え _____

12 面積が9m²の長方形の形をした板があります。この板のたての長さは$\frac{3}{5}$mだそうです。横の長さは何mですか。〔8点〕

式

答え _____

13 面積が12cm²の平行四辺形をかこうと思います。底辺の長さを$\frac{8}{9}$cmとすると，高さを何cmにすればよいでしょうか。〔8点〕

式

答え _____

1 長さが$\frac{2}{5}$mで，重さが$\frac{3}{7}$kgのぼうがあります。このぼう1mの重さは何kgですか。〔8点〕

式

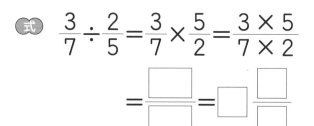

$$\frac{3}{7} \div \frac{2}{5} = \frac{3}{7} \times \frac{5}{2} = \frac{3 \times 5}{7 \times 2}$$

$$= \frac{\square}{\square} = \square \frac{\square}{\square}$$

答え $\dfrac{\square}{\square}$ kg

2 すな$\frac{3}{5}$Lの重さをはかると，$\frac{7}{8}$kgありました。このすな1Lの重さは何kgですか。〔8点〕

式

答え

3 面積が$\frac{9}{10}$m²の長方形の形をした板があります。たての長さを$\frac{4}{7}$mとすると，横の長さは何mですか。〔8点〕

式

答え

4 $\frac{2}{3}$mの重さが$\frac{7}{5}$kgの鉄のぼうがあります。この鉄のぼう1mの重さは何kgですか。〔8点〕

式 $\frac{7}{5} \div \frac{2}{3} =$

答え ____ kg

5 $\frac{7}{6}$m²の畑の草を$\frac{3}{5}$時間で取るとすると，1時間では何m²の畑の草を取ることができますか。〔8点〕

式

答え

6 $\frac{2}{3}$m²の板をぬるのに$\frac{5}{4}$dLのペンキが必要です。このペンキ1dLでは，何m²の板をぬることができますか。〔8点〕

式

答え

7 $\frac{4}{3}$ m²の花だんに$\frac{3}{5}$Lの水をまくとすると，花だん1m²あたりに何Lの水をまくことになりますか。〔8点〕

式

答え _____

8 面積が$\frac{15}{7}$m²の長方形の形をした花だんがあります。この花だんのたての長さは$\frac{6}{7}$mだそうです。横の長さは何mですか。〔8点〕

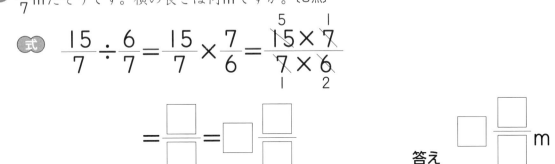

式 $\dfrac{15}{7} \div \dfrac{6}{7} = \dfrac{15}{7} \times \dfrac{7}{6} = \dfrac{\overset{5}{15} \times \overset{1}{7}}{\underset{1}{7} \times \underset{2}{6}}$

$= \dfrac{\square}{\square} = \square\dfrac{\square}{\square}$

答え $\square\dfrac{\square}{\square}$ m

9 1Lの重さが$\frac{9}{5}$kgのすながあります。このすな$\frac{3}{10}$kgでは何Lになりますか。〔8点〕

式

答え _____

10 ペンキ$\frac{5}{6}$dLで，$\frac{2}{3}$m²の板をぬることができます。このペンキ1dLでは，何m²の板をぬることができますか。〔8点〕

式

答え _____

11 長さが$\frac{4}{5}$mで，重さが$\frac{8}{9}$kgの鉄のぼうがあります。この鉄のぼう1mの重さは何kgですか。〔10点〕

式

答え _____

12 さとうが$\frac{6}{7}$kgあります。これを$\frac{3}{14}$kgずつふくろに入れると，$\frac{3}{14}$kg入りのふくろは何ふくろできますか。〔10点〕

式

答え _____

分数の
かけ算とわり算⑪

1 鉄のぼう4mの重さをはかったら$2\frac{1}{3}$kgありました。この鉄のぼう1mの重さは何kgですか。〔10点〕

帯分数は仮分数になおして計算します。

式　$2\frac{1}{3} \div 4 = \frac{7}{3} \div 4$

$= \frac{7}{3 \times 4} = \frac{7}{\boxed{}}$

答え　$\dfrac{\boxed{}}{\boxed{}}$kg

2 5m²の畑があります。この畑に$3\frac{1}{4}$kgの水をまきました。1m²あたり何kgの水をまきましたか。〔10点〕

式　$3\frac{1}{4} \div 5 =$

答え　　　　　　　kg

3 3m²の板をぬるのに$1\frac{2}{5}$dLのペンキが必要です。1m²の板をぬるには，何dLのペンキが必要ですか。〔10点〕

式

答え

4 $4\frac{1}{3}$m²の畑の草を5時間で取るとすると，1時間で何m²の畑の草を取ることになりますか。〔10点〕

式

答え

5 米3Lの重さをはかると，$4\frac{2}{3}$kgありました。この米1Lの重さは何kgですか。〔10点〕

式

答え

6 ジュース２Lの重さをはかったら$2\frac{2}{3}$kgありました。このジュース１Lの重さは何kgですか。〔10点〕

式 $2\frac{2}{3} \div 2 = \frac{8}{3} \div 2$

$$= \frac{\overset{4}{8}}{3 \times \underset{1}{2}} = \frac{\Box}{\Box} = \Box\frac{\Box}{\Box}$$

答え $\Box\frac{\Box}{\Box}$ kg

7 ３Lの重さが$4\frac{4}{5}$kgのすながあります。このすな１Lでは何kgになりますか。〔10点〕

式

答え _____

8 $2\frac{2}{5}$Lの牛にゅうがあります。この牛にゅうを家族４人で飲むと，１人何Lずつ飲むことができますか。〔10点〕

式

答え _____

9 長さ９mのはり金があります。このはり金を$1\frac{2}{7}$mずつに切っていくと，何本のはり金ができますか。〔10点〕

式 $9 \div 1\frac{2}{7} =$

答え _____ 本

10 面積が3m²の長方形の形をした花だんがあります。この花だんのたての長さは$1\frac{1}{2}$mだそうです。横の長さは何mですか。〔10点〕

式

答え _____

19 分数の かけ算とわり算⑫

答え➡別冊解答
9・10ページ

1 長さが$\frac{2}{3}$mで，重さが$1\frac{2}{5}$kgの鉄のぼうがあります。この鉄のぼう1mの重さは何kgですか。〔6点〕

式 $1\frac{2}{5} \div \frac{2}{3} = \frac{7 \times 3}{5 \times 2} = \frac{\boxed{}}{\boxed{}} = \boxed{}\frac{\boxed{}}{\boxed{}}$　　答え $\boxed{}\frac{\boxed{}}{\boxed{}}$ kg

2 すな$\frac{4}{9}$Lの重さをはかると，$1\frac{4}{7}$kgありました。このすな1Lの重さは何kgですか。〔6点〕

式 $1\frac{4}{7} \div \frac{4}{9} = \frac{11 \times 9}{7 \times 4} =$

答え　　　　　　　　kg

3 ペンキ$\frac{5}{7}$dLで，$1\frac{1}{5}$m²の板をぬることができます。このペンキ1dLでは，何m²の板をぬることができますか。〔8点〕

式

答え

4 鉄の板$\frac{4}{5}$m²の重さをはかると，$1\frac{1}{4}$kgありました。この鉄の板1m²の重さは何kgですか。〔8点〕

式

答え

5 面積が$1\frac{1}{2}$m²の長方形の形をした花だんがあります。この花だんのたての長さは$\frac{8}{7}$mだそうです。横の長さは何mですか。〔8点〕

式 $1\frac{1}{2} \div \frac{8}{7} = \frac{3 \times 7}{2 \times 8} =$

答え　　　　　　　　m

6 油$\frac{5}{3}$Lの重さをはかると$1\frac{4}{7}$kgありました。この油1Lの重さは何kgですか。
〔8点〕

式

答え

7 $1\frac{1}{4}$ m²の畑の草を$\frac{5}{6}$時間で取るとすると，1時間では何m²の畑の草を取ることができますか。〔8点〕

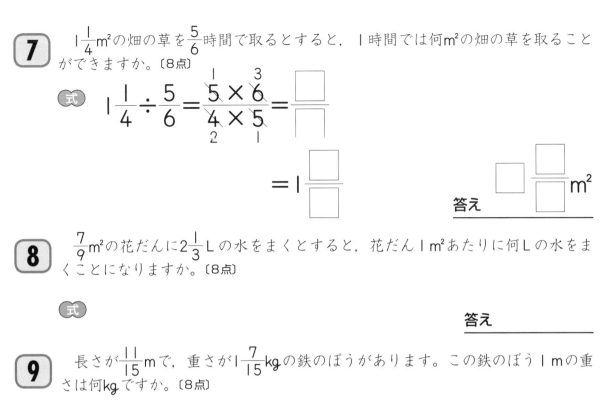

$$1\frac{1}{4} \div \frac{5}{6} = \frac{5 \times \overset{1}{\overset{3}{6}}}{\underset{2}{4} \times \underset{1}{5}} = \frac{\square}{\square}$$

$$= 1\frac{\square}{\square}$$

答え $\dfrac{\square}{\square}$ m²

8 $\frac{7}{9}$ m²の花だんに$2\frac{1}{3}$ Lの水をまくとすると，花だん1m²あたりに何Lの水をまくことになりますか。〔8点〕

(式)

答え _____

9 長さが$\frac{11}{15}$ mで，重さが$1\frac{7}{15}$ kgの鉄のぼうがあります。この鉄のぼう1mの重さは何kgですか。〔8点〕

(式)

答え _____

10 花だんに肥料をまきます。広さ$\frac{6}{5}$ m²に$2\frac{3}{5}$ kgの肥料をまくとすると，1m²では何kgの肥料が必要ですか。〔8点〕

(式)

答え _____

11 ペンキ$\frac{11}{4}$ dLで$1\frac{3}{8}$ m²のかべをぬることができます。このペンキ1dLでは，何m²のかべをぬることができますか。〔8点〕

(式)

答え _____

12 すな$\frac{7}{6}$ Lの重さをはかると，$2\frac{1}{3}$ kgありました。このすな1Lの重さは何kgですか。〔8点〕

(式)

答え _____

13 油$\frac{15}{8}$ Lの重さをはかったら，$1\frac{1}{4}$ kgありました。この油1Lの重さは何kgですか。
〔8点〕

(式)

答え _____

1 長さが$1\frac{1}{8}$mで，重さが$2\frac{2}{3}$kgの鉄のぼうがあります。この鉄のぼう1mの重さは何kgですか。〔6点〕

式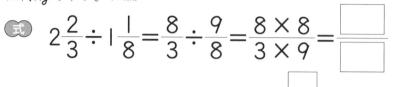

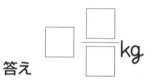

答え　□□/□□ kg

2 ペンキ$1\frac{5}{6}$dLで，$1\frac{2}{5}$m²の板をぬることができます。このペンキ1dLでは何m²の板をぬることができますか。〔6点〕

式

答え ＿＿＿＿＿＿

3 すな$1\frac{2}{9}$Lの重さをはかると，$1\frac{3}{4}$kgありました。このすな1Lの重さは何kgですか。〔8点〕

式

答え ＿＿＿＿＿＿

4 油$3\frac{1}{5}$Lの重さをはかると$2\frac{1}{6}$kgありました。この油1Lの重さは何kgですか。〔8点〕

式

答え ＿＿＿＿＿＿

5 面積が$2\frac{1}{4}$m²の長方形の形をした花だんがあります。この花だんのたての長さは$1\frac{4}{7}$mだそうです。横の長さは何mですか。〔8点〕

式

答え ＿＿＿＿＿＿

6 アルミのパイプ$1\frac{1}{3}$mの重さをはかると$1\frac{5}{8}$kgでした。このアルミのパイプ1mの重さは何kgですか。〔8点〕

式

答え ＿＿＿＿＿＿

7 $1\frac{5}{6}$ m²の花だんに$2\frac{1}{3}$Lの水をまくとすると，花だん1m²あたり何Lの水をまくことになりますか。〔8点〕

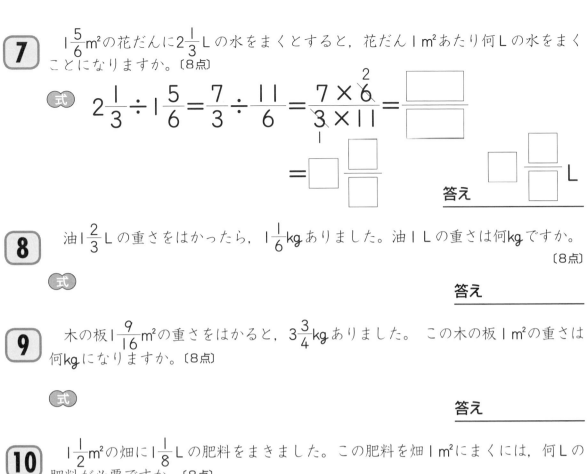

式　$2\frac{1}{3} \div 1\frac{5}{6} = \frac{7}{3} \div \frac{11}{6} = \frac{7 \times \overset{2}{\cancel{6}}}{\underset{1}{\cancel{3}} \times 11} = \dfrac{\boxed{}}{\boxed{}}$

$= \boxed{}\dfrac{\boxed{}}{\boxed{}}$　　答え $\boxed{}\dfrac{\boxed{}}{\boxed{}}$ L

8 油$1\frac{2}{3}$Lの重さをはかったら，$1\frac{1}{6}$kgありました。油1Lの重さは何kgですか。〔8点〕

式　　　　　　　　　　　　　　　　　答え ＿＿＿＿＿＿

9 木の板$1\frac{9}{16}$m²の重さをはかると，$3\frac{3}{4}$kgありました。 この木の板1m²の重さは何kgになりますか。〔8点〕

式　　　　　　　　　　　　　　　　　答え ＿＿＿＿＿＿

10 $1\frac{1}{2}$m²の畑に$1\frac{1}{8}$Lの肥料をまきました。この肥料を畑1m²にまくには，何Lの肥料が必要ですか。〔8点〕

式　　　　　　　　　　　　　　　　　答え ＿＿＿＿＿＿

11 ペンキ$1\frac{11}{14}$dLで$2\frac{1}{7}$m²のかべをぬることができます。このペンキ1dLでは，何m²のかべをぬることができますか。〔8点〕

式　　　　　　　　　　　　　　　　　答え ＿＿＿＿＿＿

12 面積が$2\frac{1}{12}$m²の長方形の形をした花だんがあります。この花だんのたての長さは$1\frac{7}{8}$mだそうです。この花だんの横の長さは何mですか。〔8点〕

式　　　　　　　　　　　　　　　　　答え ＿＿＿＿＿＿

13 ロープが$5\frac{1}{15}$mあります。このロープから1本$1\frac{4}{15}$mのロープは何本できますか。〔8点〕

式　　　　　　　　　　　　　　　　　答え ＿＿＿＿＿＿

21 分数の かけ算とわり算⑭

1 しょう油が$\frac{2}{5}$Lあります。これを3本のびんに同じ量ずつ分けて入れます。1本のびんのしょう油の量は何Lになりますか。〔6点〕

（式）

答え _____

2 リボン$\frac{4}{5}$mを200円で買いました。このリボン1mのねだんは何円ですか。〔6点〕

（式）

答え _____

3 油$\frac{4}{9}$Lの重さをはかると、$\frac{3}{7}$kgありました。この油1Lの重さは何kgですか。

〔8点〕

（式）

答え _____

4 $\frac{5}{8}$m²の板をぬるのに$\frac{5}{12}$dLのペンキが必要です。このペンキ1dLで何m²の板をぬることができますか。〔8点〕

（式）

答え _____

5 $\frac{7}{6}$m²の花だんに$\frac{35}{36}$Lの薬をまきました。この薬を1m²にまくとすると、何Lの薬が必要ですか。〔8点〕

（式）

答え _____

6 $1\frac{1}{4}$mのリボンがあります。このリボンを6人で同じ長さに分けると、1人何mになりますか。〔8点〕

（式）

答え _____

7 $1\frac{5}{9}$m²の畑の草を$\frac{5}{7}$時間で取るとすると，1時間で何m²の畑の草を取ることができますか。〔8点〕

(式)

答え _____

8 鉄のぼう$\frac{4}{9}$mの重さをはかったら$2\frac{2}{3}$kgありました。この鉄のぼう1mの重さは何kgですか。〔8点〕

(式)

答え _____

9 ジュースが$\frac{4}{3}$Lあります。重さをはかったら$1\frac{7}{15}$kgありました。このジュース1Lの重さは何kgですか。〔8点〕

(式)

答え _____

10 長さが$\frac{8}{9}$mのゴムホースがあります。重さをはかったら$1\frac{7}{9}$kgありました。このゴムホース1mの重さは何kgですか。〔8点〕

(式)

答え _____

11 面積が$2\frac{2}{5}$m²の長方形の形をした花だんがあります。この花だんのたての長さは$1\frac{2}{7}$mだそうです。横の長さは何mですか。〔8点〕

(式)

答え _____

12 長さが$1\frac{1}{5}$mで，重さが$1\frac{7}{8}$kgのパイプがあります。このパイプ1mの重さは何kgですか。〔8点〕

(式)

答え _____

13 油$1\frac{2}{3}$Lの重さをはかると，$1\frac{7}{18}$kgありました。この油1Lの重さは何kgですか。〔8点〕

(式)

答え _____

答え➡ 別冊解答
11 ページ

1 1本のテープを $\frac{3}{10}$ mずつ切ったら，ちょうど3本とれました。テープは，はじめ何mありましたか。〔5点〕

（式）

答え _____

2 1mのねだんが120円のリボンがあります。このリボン $\frac{5}{6}$ mのねだんは何円ですか。〔5点〕

（式）

答え _____

3 空気1m³の中に酸素が約 $\frac{1}{5}$ m³ふくまれています。空気 $\frac{7}{9}$ m³の中には約何m³の酸素がふくまれていますか。〔9点〕

（式）

答え _____

4 たてが $\frac{10}{9}$ m，横が $\frac{3}{4}$ mの長方形の形をした厚紙があります。この厚紙の面積は何m²ですか。〔9点〕

（式）

答え _____

5 1Lの重さが $\frac{7}{8}$ kgの油があります。この油 $1\frac{1}{5}$ Lの重さは何kgですか。〔9点〕

（式）

答え _____

6 1mの重さが $1\frac{2}{3}$ kgのパイプがあります。このパイプ $1\frac{4}{5}$ mの重さは何kgですか。

〔9点〕

（式）

答え _____

7 さとうが $\frac{11}{12}$kg あります。これを 3 つのふくろに同じ重さずつ分けて入れます。1 ふくろに何kgずつ入れればよいでしょうか。〔9点〕

(式)

答え _____

8 米を何人かで $\frac{5}{6}$kg ずつ持ってきたら，全部で15kgになりました。米を持ってきた人は何人ですか。〔9点〕

(式)

答え _____

9 鉄の板 $\frac{3}{14}$m² の重さを調べると，$\frac{6}{7}$kg ありました。この鉄の板 1 m² の重さは何kgですか。〔9点〕

(式)

答え _____

10 $1\frac{2}{3}$m² の畑の草を $\frac{2}{3}$ 時間で取るとすると，1 時間で何m²の畑の草を取ることになりますか。〔9点〕

(式)

答え _____

11 面積が $2\frac{5}{8}$m² の長方形の形をした花だんがあります。この花だんのたての長さは $1\frac{1}{2}$m だそうです。横の長さは何mですか。〔9点〕

(式)

答え _____

12 長さが $1\frac{2}{5}$m，重さが $2\frac{4}{5}$kg の鉄のぼうがあります。この鉄のぼう 1 mの重さは何kgですか。〔9点〕

(式)

答え _____

フレー！ フレー！

23 分数の かけ算とわり算⑯

答え▶ 別冊解答 11・12ページ

1 1Lのガソリンで12km走る自動車があります。この自動車はガソリン$\frac{13}{18}$Lでは何km走ることができますか。〔5点〕

（式）

答え _____

2 1mの重さが$\frac{7}{8}$kgのゴムホースがあります。このゴムホース$\frac{4}{5}$mの重さは何kgですか。〔5点〕

（式）

答え _____

3 面積が3m²の花だんがあります。この花だんに$\frac{6}{7}$kgの肥料をまきました。1m²あたり何kgの肥料をまいたことになりますか。〔9点〕

（式）

答え _____

4 ペンキ$\frac{6}{7}$dLで、$\frac{13}{14}$m²の板をぬることができます。このペンキ1dLでは、何m²の板をぬることができますか。〔9点〕

（式）

答え _____

5 米1kgの中には、でんぷんが約$\frac{3}{4}$kgふくまれています。米$\frac{5}{9}$kgには約何kgのでんぷんがふくまれていますか。〔9点〕

（式）

答え _____

6 長さが$\frac{6}{7}$mで、重さが$\frac{9}{8}$kgのパイプがあります。このパイプ1mの重さは何kgですか。〔9点〕

（式）

答え _____

7 米を何人かで $\frac{3}{8}$ kg ずつ持ってきたら，$5\frac{5}{8}$ kg になりました。米を持ってきた人は何人ですか。〔9点〕

（式）

答え _____

8 面積が $\frac{5}{3}$ m² の花だんに $\frac{7}{9}$ L の水をまくとすると，花だん1m² あたりに何Lの水をまくことになりますか。〔9点〕

（式）

答え _____

9 空気1m³ の中に，酸素が約 $\frac{1}{5}$ m³ ふくまれています。空気 $1\frac{1}{2}$ m³ の中には，約何m³ の酸素がふくまれていますか。〔9点〕

（式）

答え _____

10 ペンキ1dLで，$1\frac{2}{3}$ m² のかべをぬることができます。このペンキ $1\frac{2}{25}$ dLでは，何m² のかべをぬることができますか。〔9点〕

（式）

答え _____

11 長さが $1\frac{2}{3}$ m で，重さが $2\frac{1}{4}$ kg の鉄のぼうがあります。この鉄のぼう1mの重さは何kg ですか。〔9点〕

（式）

答え _____

12 面積が $2\frac{3}{5}$ m² の長方形の形をした花だんがあります。この花だんのたての長さは，$1\frac{5}{8}$ m だそうです。横の長さは何mですか。〔9点〕

（式）

答え _____

24 3つの分数の計算①

答え▶ 別冊解答
12 ページ

1 1dLのペンキで，たて$\frac{2}{5}$m，横$\frac{3}{4}$mの長方形のかべをぬることができます。このペンキ$\frac{7}{9}$dLでは，何m²のかべをぬることができますか。〔6点〕

式 $\dfrac{2}{5} \times \dfrac{3}{4} \times \dfrac{7}{9} = \dfrac{2 \times 3 \times 7}{5 \times 4 \times 9} = \dfrac{7}{\boxed{}}$

答え $\dfrac{\boxed{}}{\boxed{}}$ m²

2 たて$\frac{3}{5}$m，横$\frac{4}{9}$mの長方形の板が5まいあります。この長方形の板の面積は全部で何m²ですか。〔9点〕

式 $\dfrac{3}{5} \times \dfrac{4}{9} \times 5 = \dfrac{3 \times 4 \times 5}{5 \times 9} =$

答え

3 1mの重さが$\frac{5}{6}$kgの鉄のぼうが，$\frac{3}{8}$mずつ3本あります。この3本の鉄のぼうの重さは全部で何kgですか。〔9点〕

式

答え

4 花だんに肥料をまきます。1m²あたり$\frac{7}{4}$kgの肥料をまくとすると，たて$\frac{8}{9}$m，横$\frac{6}{7}$mの長方形の花だんには何kgの肥料が必要ですか。〔9点〕

式

答え

5 1Lの重さが$\frac{5}{9}$kgの油があります。この油が$\frac{3}{8}$Lずつ4本のびんに入っています。油全部の重さは何kgですか。〔9点〕

式

答え

6 1dLのペンキで，たて$\frac{4}{7}$m，横$\frac{5}{6}$mの長方形のかべをぬることができます。このペンキ$\frac{7}{3}$dLでは，何m²のかべをぬることができますか。〔8点〕

式

答え

7 3dLのペンキで，たて$\frac{6}{7}$m，横$\frac{5}{3}$mの長方形のかべをぬることができます。このペンキ1dLでは，何m²のかべをぬることができますか。〔6点〕

式　$\dfrac{6}{7} \times \dfrac{5}{3} \div 3 = \dfrac{\overset{2}{6} \times 5}{7 \times \underset{1}{3} \times 3} = \dfrac{\boxed{}}{21}$　　答え $\dfrac{\boxed{}}{\boxed{}}$ m²

8 たて$\frac{5}{7}$m，横$\frac{8}{3}$mの長方形の花だんの草取りをしました。草取りにかかった時間は$\frac{4}{9}$時間です。1時間に何m²の花だんの草取りができることになりますか。〔6点〕

式　$\dfrac{5}{7} \times \dfrac{8}{3} \div \dfrac{4}{9} = \dfrac{5 \times 8 \times \boxed{}}{7 \times 3 \times \boxed{}} =$　　答え _____

9 $\frac{5}{4}$dLのペンキで，たて$\frac{3}{8}$m，横$\frac{5}{9}$mの長方形のかべをぬることができます。このペンキ1dLでは，何m²のかべをぬることができますか。〔9点〕

式　　　　　　　　　　　　　　答え _____

10 重さが4kgの鉄の板があります。この鉄の板はたて$\frac{5}{2}$m，横$\frac{6}{5}$mです。この鉄の板1kgの面積は何m²ですか。〔9点〕

式　　　　　　　　　　　　　　答え _____

11 赤い布は，たて$\frac{2}{3}$m，横$1\frac{1}{4}$mの長方形です。白い布は，面積が赤い布と同じで，たてが$\frac{1}{2}$mの長方形です。白い布の横の長さは何mですか。〔10点〕

式　　　　　　　　　　　　　　答え _____

12 たて$2\frac{7}{9}$m，横$\frac{3}{7}$mの長方形の花だんがあります。これと同じ面積で，たてが$\frac{5}{7}$mの長方形の花だんをつくりました。横の長さは何mですか。〔10点〕

式　　　　　　　　　　　　　　答え _____

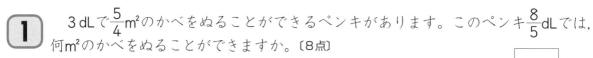

3つの分数の計算②

得　点

点

答え▶ 別冊解答 12・13 ページ

1 3dLで$\frac{5}{4}$m²のかべをぬることができるペンキがあります。このペンキ$\frac{8}{5}$dLでは，何m²のかべをぬることができますか。〔8点〕

式　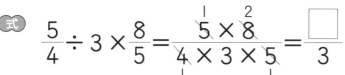

答え　$\frac{\boxed{}}{\boxed{}}$m²

2 $\frac{8}{9}$Lの重さが$\frac{3}{5}$kgの油があります。この油$\frac{5}{6}$Lの重さは何kgになりますか。〔8点〕

式　$\dfrac{3}{5} \div \dfrac{8}{9} \times \dfrac{5}{6} = \dfrac{3 \times \boxed{} \times 5}{5 \times \boxed{} \times 6} =$

答え　kg

3 5分間に$\frac{15}{7}$Lの水がわき出るいずみがあります。$\frac{4}{3}$分間には，何Lの水がわき出ますか。〔8点〕

式

答え

4 $\frac{3}{5}$mの重さが$\frac{9}{4}$kgの鉄のぼうがあります。この鉄のぼう2mの重さは何kgですか。〔8点〕

式

答え

5 $1\frac{1}{3}$mで200円の布があります。この布を$1\frac{2}{5}$m買うと，代金は何円になりますか。〔8点〕

式

答え

6 ビニールホースを$1\frac{3}{5}$m買ったら320円でした。このビニールホース$1\frac{1}{5}$mの代金は何円になりますか。〔8点〕

式

答え

7 2 dLで$\frac{6}{5}$m²のかべをぬることができるペンキがあります。このペンキ$\frac{5}{8}$dLでは，何m²のかべをぬることができますか。〔8点〕

（式）

答え _____

8 2 dLのペンキで，たて$\frac{4}{9}$m，横$\frac{3}{5}$mの長方形のかべをぬることができます。このペンキ1dLでは，何m²のかべをぬることができますか。〔8点〕

（式）

答え _____

9 1 dLのペンキで，たて$\frac{3}{7}$m，横$\frac{5}{8}$mの長方形のかべをぬることができます。このペンキ$\frac{7}{9}$dLでは，何m²のかべをぬることができますか。〔8点〕

（式）

答え _____

10 1 Lの重さが$\frac{7}{12}$kgの油があります。この油が$\frac{3}{5}$Lずつ4本のびんに入っています。油全体の重さは何kgですか。〔8点〕

（式）

答え _____

11 重さが$\frac{5}{7}$kgの鉄の板があります。この鉄の板はたて$\frac{3}{4}$m，横$1\frac{1}{9}$mの長方形です。この鉄の板1kgの面積は何m²ですか。〔10点〕

（式）

答え _____

12 4分間に$1\frac{4}{5}$Lの水がわき出るいずみがあります。$3\frac{1}{3}$分間には，何Lの水がわき出ますか。〔10点〕

（式）

答え _____

26 3つの分数の計算③

答え▶別冊解答 13ページ

1 1分間に $\frac{8}{9}$ Lの水が出るホースで池に水を入れました。はじめに $\frac{1}{2}$ 分間入れ，あとからまた，$\frac{1}{4}$ 分間入れました。あわせて水を何L入れましたか。（ ）を使って1つの式に表し，答えを求めましょう。〔10点〕

式

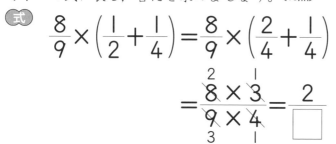

$$\frac{8}{9} \times \left(\frac{1}{2} + \frac{1}{4}\right) = \frac{8}{9} \times \left(\frac{2}{4} + \frac{1}{4}\right)$$

$$= \frac{\overset{2}{8} \times \overset{1}{3}}{\underset{3}{9} \times \underset{1}{4}} = \frac{2}{\boxed{}}$$

答え  L

2 ペンキ1Lで6m²の板をぬることができます。このペンキが大きなかんに $\frac{2}{3}$ L，小さなかんに $\frac{1}{2}$ Lあります。全部で何m²の板をぬることができますか。（ ）を使って1つの式に表し，答えを求めましょう。〔10点〕

式  $6 \times \left(\frac{2}{3} + \frac{1}{2}\right) =$

答え _____ m²

3 1mの重さが $\frac{8}{5}$ kgのパイプがあります。このパイプが2本あり，長さはそれぞれ $\frac{3}{4}$ m，$\frac{5}{6}$ mです。この2本のパイプの重さは全部で何kgですか。（ ）を使って1つの式に表し，答えを求めましょう。〔10点〕

式

答え _____

4 1Lの重さが $\frac{6}{11}$ kgの油があります。この油が大きなびんに $\frac{3}{5}$ L，小さなびんに $\frac{4}{15}$ Lあります。油全体の重さは何kgですか。（ ）を使って1つの式に表し，答えを求めましょう。〔10点〕

式

答え _____

5 米1kgの中に，でんぷんが約 $\frac{3}{4}$ kgふくまれています。米が1つのふくろに $\frac{2}{3}$ kg，もう1つのふくろに $\frac{4}{9}$ kg入っています。2つのふくろの米の中には，あわせて約何kgのでんぷんがふくまれていますか。（ ）を使って1つの式に表し，答えを求めましょう。〔10点〕

式

答え _____

6 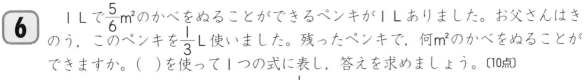 1 Lで$\frac{5}{6}$m²のかべをぬることができるペンキが1 Lありました。お父さんはきのう，このペンキを$\frac{1}{3}$L使いました。残ったペンキで，何m²のかべをぬることができますか。（　）を使って1つの式に表し，答えを求めましょう。〔10点〕

 式　$\dfrac{5}{6}\times\left(1-\dfrac{1}{3}\right)=\dfrac{5\times\overset{1}{2}}{\underset{3}{6}\times3}=\dfrac{5}{\boxed{}}$

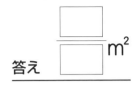

答え　$\dfrac{\boxed{}}{\boxed{}}$ m²

7 1 Lの重さが$\frac{5}{9}$kgの油があります。この油がはじめに$\frac{7}{12}$Lありましたが，きょう，そのうちの$\frac{1}{3}$Lを使いました。残っている油の重さは何kgですか。（　）を使って1つの式に表し，答えを求めましょう。〔10点〕

 式　$\dfrac{5}{9}\times\left(\dfrac{7}{12}-\dfrac{1}{3}\right)=$

答え　　　　　　kg

8 1 mの重さが$\frac{4}{3}$kgのパイプが$\frac{4}{7}$mありました。このパイプを$\frac{1}{4}$m使いました。残っているパイプの重さは何kgですか。（　）を使って1つの式に表し，答えを求めましょう。〔10点〕

 式

答え　　　　　　

9 1 Lで$1\frac{3}{5}$m²のかべをぬることができるペンキがあります。このペンキが大きなかんに$\frac{3}{4}$L，小さなかんに$\frac{3}{8}$Lあります。大きなかんと小さなかんのペンキでぬれるかべの面積のちがいは何m²ですか。（　）を使って1つの式に表し，答えを求めましょう。〔10点〕

式

答え　　　　　　

10 1辺の長さが$1\frac{1}{6}$mの正方形があります。この正方形の横の長さだけ$\frac{2}{3}$m短くして長方形をつくりました。できた長方形の面積は何m²ですか。（　）を使って1つの式に表し，答えを求めましょう。〔10点〕

式

答え　　　　　　

27 3つの分数の計算④

答え▶ 別冊解答 13・14ページ

1 同じジュースが$\frac{3}{8}$Lと$\frac{1}{4}$Lあります。あわせた重さをはかったら，$\frac{5}{9}$kgでした。このジュース1Lの重さは何kgですか。（　）を使って1つの式に表し，答えを求めましょう。〔10点〕

【式】

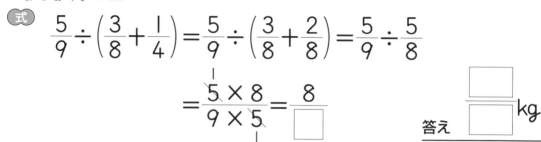

$$\frac{5}{9} \div \left(\frac{3}{8} + \frac{1}{4}\right) = \frac{5}{9} \div \left(\frac{3}{8} + \frac{2}{8}\right) = \frac{5}{9} \div \frac{5}{8}$$

$$= \frac{\overset{1}{5} \times 8}{9 \times \underset{1}{5}} = \frac{8}{\boxed{}}$$

答え $\dfrac{\boxed{}}{\boxed{}}$ kg

2 ペンキが大きなかんに$\frac{2}{3}$L，小さなかんに$\frac{1}{6}$Lあります。両方のペンキを全部使って$\frac{9}{4}$m²のかべをぬりました。このペンキ1Lでは，何m²のかべをぬれますか。（　）を使って1つの式に表し，答えを求めましょう。〔10点〕

【式】 $\dfrac{9}{4} \div \left(\dfrac{2}{3} + \dfrac{1}{6}\right) =$

答え 　　　　　　 m²

3 大豆が2ふくろあります。一方は$\frac{5}{8}$L，もう一方は$\frac{1}{2}$Lあるそうです。また，2ふくろの大豆の重さはあわせて$\frac{3}{4}$kgだそうです。この大豆1Lの重さは何kgですか。（　）を使って1つの式に表し，答えを求めましょう。〔10点〕

【式】

答え

4 $\frac{4}{9}$mある鉄のぼうを2本に切って重さをはかったら，それぞれ$\frac{14}{15}$kgと$\frac{2}{5}$kgでした。この鉄のぼう1kgでは，何mになりますか。（　）を使って1つの式に表し，答えを求めましょう。〔10点〕

【式】

答え

5 $2\frac{1}{3}$Lの油を2つの入れ物に分けて入れたら，油の重さはそれぞれ$\frac{5}{6}$kgと$\frac{5}{8}$kgでした。この油1kgでは，何Lありますか。（　）を使って1つの式に表し，答えを求めましょう。〔10点〕

【式】

答え

6 鉄のぼうが$\frac{2}{3}$mありました。そのうちの$\frac{1}{4}$mを切り取って、残りの重さをはかったら$\frac{5}{8}$kgでした。この鉄のぼう1mの重さは何kgですか。（ ）を使って1つの式に表し、答えを求めましょう。〔10点〕

式 $\frac{5}{8} \div \left(\frac{2}{3} - \frac{1}{4} \right) = \frac{5}{8} \div \left(\frac{8}{12} - \frac{3}{12} \right) = \frac{5}{8} \div \frac{5}{12}$

$= \dfrac{\overset{1}{5} \times \overset{3}{12}}{\underset{2}{8} \times \underset{1}{5}} = \dfrac{3}{\boxed{}} = \boxed{}\dfrac{\boxed{}}{\boxed{}}$

答え $\boxed{}\dfrac{\boxed{}}{\boxed{}}$ kg

7 ペンキが$\frac{3}{4}$Lありました。そのうちの$\frac{1}{2}$Lを使い、残りのペンキでかべをぬったら、$\frac{5}{6}$m²をぬることができました。このペンキ1Lでは、何m²のかべをぬることができますか。（ ）を使って1つの式に表し、答えを求めましょう。〔10点〕

式 $\frac{5}{6} \div \left(\frac{3}{4} - \frac{1}{2} \right) =$

答え　　　　　　　m²

8 鉄のぼうが$\frac{5}{6}$mありました。そのうちの$\frac{1}{3}$mを切り取って、残りの重さをはかったら$\frac{3}{4}$kgでした。この鉄のぼう1mの重さは何kgですか。（ ）を使って1つの式に表し、答えを求めましょう。〔10点〕

式

答え

9 はちみつが$1\frac{2}{5}$Lありました。そのうちの$\frac{1}{2}$Lを使い、残りのはちみつの重さをはかったら$1\frac{1}{5}$kgでした。このはちみつ1Lの重さは何kgですか。（ ）を使って1つの式に表し、答えを求めましょう。〔10点〕

式

答え

10 油が$1\frac{2}{3}$Lありました。そのうちの$\frac{5}{8}$Lを使い、残りの油の重さをはかったら$\frac{5}{9}$kgでした。この油1Lの重さは何kgですか。（ ）を使って1つの式に表し、答えを求めましょう。〔10点〕

式

答え

28 3つの分数の計算⑤

答え▶ 別冊解答
14 ページ

1 ペンキ１Lで$\frac{7}{3}$m²のかべをぬることができます。このペンキが大きな入れ物に$\frac{4}{5}$L，小さな入れ物に$\frac{1}{4}$L入っています。両方のペンキを全部使うと何m²のかべをぬることができますか。（　）を使って１つの式に表し，答えを求めましょう。〔10点〕

式

答え

2 ペンキが大きなかんに$\frac{3}{4}$L，小さなかんに$\frac{3}{8}$Lあります。両方のペンキを全部使って$\frac{15}{4}$m²のかべをぬりました。このペンキ１Lで何m²のかべがぬれましたか。（　）を使って１つの式に表し，答えを求めましょう。〔10点〕

式

答え

3 鉄のぼうが$\frac{5}{6}$mありました。そのうちの$\frac{3}{10}$mを切り取って，残りの重さをはかったら$\frac{4}{5}$kgでした。この鉄のぼう１mの重さは何kgですか。（　）を使って１つの式に表し，答えを求めましょう。〔10点〕

式

答え

4 １mの重さが$\frac{5}{3}$kgの鉄のぼうが$\frac{8}{7}$mありました。この鉄のぼうを$\frac{1}{2}$m切り取りました。残っている鉄のぼうの重さは何kgですか。（　）を使って１つの式に表し，答えを求めましょう。〔10点〕

式

答え

5 同じジュースが$\frac{1}{6}$Lと$\frac{2}{9}$Lあります。あわせた重さをはかったら，$\frac{7}{12}$kgでした。このジュース１Lの重さは何kgですか。（　）を使って１つの式に表し，答えを求めましょう。〔10点〕

式

答え

6 3分間に $\frac{7}{4}$ L の水がわき出るいずみがあります。$\frac{6}{5}$ 分間には，何 L の水がわき出ますか。〔10点〕

(式)

答え _____

7 I L のペンキで，たて $\frac{4}{9}$ m，横 $\frac{3}{5}$ m の長方形のかべをぬることができます。このペンキ $\frac{15}{14}$ L では，何m²のかべをぬることができますか。〔10点〕

(式)

答え _____

8 I 分間に $\frac{9}{10}$ L の水が出るホースで水そうに水を入れます。はじめに $\frac{1}{3}$ 分間入れ，あとからまた，$\frac{1}{2}$ 分間入れました。あわせて水を何 L 入れましたか。（　）を使って I つの式に表し，答えを求めましょう。〔10点〕

(式)

答え _____

9 あずきが 2 つのふくろに入っています。一方は $\frac{1}{3}$ L，もう一方は $\frac{3}{5}$ L あるそうです。また，2 つのふくろのあずきの重さはあわせて $\frac{7}{9}$ kg だそうです。このあずき I L の重さは何kgですか。（　）を使って I つの式に表し，答えを求めましょう。

〔10点〕

(式)

答え _____

10 たて $\frac{4}{7}$ m，横 I $\frac{1}{9}$ m の長方形の花だんがあります。これと同じ面積で，たてが $\frac{5}{6}$ m の長方形の花だんをつくりました。横の長さは何mですか。〔10点〕

(式)

答え _____

ひとやすみ

◆分数パズル

右の分数の式は，I から 9 までの数が I 個ずつ使われています。□にあてはまる数を書いて，式をしあげましょう。

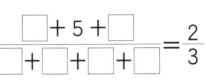

$$\frac{\Box + 5 + \Box}{\Box + \Box + \Box + \Box} = \frac{2}{3}$$

（答えは別冊の31ページ）

29 データの調べ方の問題①

点

 別冊解答
14 ページ

1 下の表は，1班と2班の人がソフトボール投げをしたときの記録です。

1班(m)	28	36	17	35	22	19	37	29	20
2班(m)	38	18	37	24	19	25	20	32	20	22

① 1班と2班の人が投げたきょりの平均値は，それぞれ何mですか。〔10点〕

　1班

　　2班

答え　1班　　　　　　　　2班　　　　　　

② 平均値でくらべると，どちらの記録がよいといえますか。〔10点〕

答え　　　　　　

2 下のドットプロットは，あるクラスの漢字の小テストの結果を表したものです。

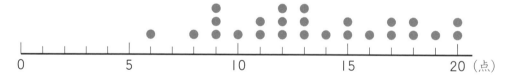

① 点数が13点の人は，何人いますか。〔10点〕

答え　　　　　　

② 点数が17点以上の人は，何人いますか。〔10点〕

答え　　　　　　

③ いちばん高い点数と，いちばん低い点数の差は何点ですか。〔10点〕

答え

下の表は，3班と4班の人が7月に本を何さつ借りたかを調べたものです。

3班(さつ)	6	4	10	11	8	6	5	10	10	3	13	4
4班(さつ)	6	8	7	8	12	12	4	6	11	9	5	

① 3班と4班が借りた本のさっ数の平均値は，それぞれ何さつですか。〔10点〕

（式） 3班

4班

答え　3班　　　　　4班　_____

② 平均値でくらべると，どちらのほうが本を多く借りたといえますか。〔10点〕

答え　_____

③ 次のドットプロットは，3班が借りた本のさっ数を表したものです。4班が借りた本のさっ数を，ドットプロットに表しましょう。〔10点〕

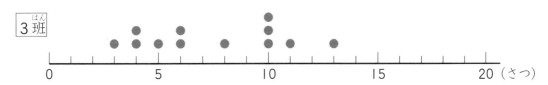

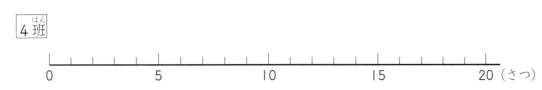

④ 10さつ以上借りた人が多いのは，3班と4班のどちらですか。〔10点〕

答え　_____

⑤ 借りたさっ数がいちばん多い人といちばん少ない人の差が大きいのは，3班と4班のどちらですか。〔10点〕

答え　_____

30 データの調べ方の問題②

得　点

点

答え▶ 別冊解答
15 ページ

1　下のドットプロットは，あるクラスでゲームをしたときの，得点の散らばりのようすを表したものです。

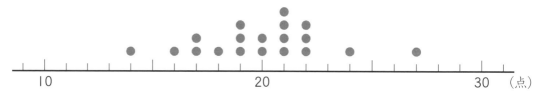

① 平均値は何点ですか。〔7点〕

答え＿＿＿＿＿＿＿＿

② 最頻値は何点ですか。〔8点〕

答え＿＿＿＿＿＿＿＿

③ 中央値は何点ですか。〔8点〕

答え＿＿＿＿＿＿＿＿

2　下の表は，あるクラスで，日曜日にテレビを見た時間について調べたものです。

テレビを見た時間（時間）

2	5	6	6	5	2	2	1	3	7	4
6	7	3	2	1	8	6	3	2	3	

① 平均値は何時間ですか。〔7点〕

答え＿＿＿＿＿＿＿＿

② 最頻値は何時間ですか。〔8点〕

答え＿＿＿＿＿＿＿＿

③ 中央値は何時間ですか。〔8点〕

答え＿＿＿＿＿＿＿＿

3 下のドットプロットは，1組と2組で先週の読書時間を調べてまとめたものです。

1組
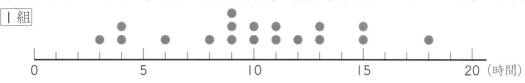

2組
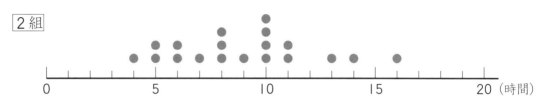

① 1組と2組のうち，10時間以上読書をした人が多いのはどちらですか。〔9点〕

答え ＿＿＿＿＿＿＿＿＿

② 読書をした時間がいちばん長い人と短い人の差が大きいのは1組と2組のどちらですか。〔9点〕

答え ＿＿＿＿＿＿＿＿＿

③ 1組と2組の最頻値をそれぞれ答えましょう。〔9点〕

答え 1組 ＿＿＿＿ 2組 ＿＿＿＿

④ 最頻値でくらべると，どちらのほうが読書時間が長いといえますか。〔9点〕

答え ＿＿＿＿＿＿＿＿＿

⑤ 中央値でくらべると，どちらのほうが読書時間が長いといえますか。〔9点〕

答え ＿＿＿＿＿＿＿＿＿

⑥ 1組と2組全体での最頻値は何時間ですか。〔9点〕

答え ＿＿＿＿＿＿＿＿＿

31 データの調べ方の 問題③

答え➡別冊解答 15ページ

1 下の表は，みゆきさんのクラスの人の片道の通学時間を表したものです。

みゆきさんのクラスの人の片道の通学時間(分)

番号	時間(分)	番号	時間(分)	番号	時間(分)	番号	時間(分)	番号	時間(分)
1	5	6	4	11	7	16	23	21	12
2	13	7	17	12	12	17	7	22	16
3	14	8	3	13	16	18	15	23	11
4	8	9	9	14	11	19	10	24	24
5	26	10	18	15	20	20	13	25	6

① 通学時間を5分ごとに区切って度数分布表をつくります。それぞれの階級の人数を調べて，表を完成させましょう。〔10点〕

片道の通学時間と人数

時間(分)	人数(人)
0以上 ～ 5未満	
5 ～ 10	
10 ～ 15	
15 ～ 20	
20 ～ 25	
25 ～ 30	
合計	

② 通学時間が15分以上20分未満の人は何人ですか。〔10点〕

答え _____

③ いちばん度数が多いのはどの階級ですか。〔10点〕

答え ☐ 分以上 ☐ 分未満

④ みゆきさんの通学時間は，13分です。どの階級に入っていますか。〔10点〕

答え _____

⑤ 通学するのに，片道30分以上かかる人は何人いますか。〔10点〕

答え _____

2 下の表は，1組と2組の生徒の身長を調べて，まとめたものです。

1組

番号	身長(cm)	番号	身長(cm)
1	144.3	6	136.1
2	134.7	7	151.5
3	159.6	8	160.4
4	147.2	9	140.0
5	153.9	10	154.8

2組

番号	身長(cm)	番号	身長(cm)	番号	身長(cm)
1	133.8	6	154.1	11	135.5
2	147.3	7	142.5	12	146.3
3	150.0	8	159.2		
4	137.2	9	149.1		
5	144.4	10	158.4		

① 1組と2組の生徒の身長を，それぞれ右の度数分布表に表しましょう。〔10点〕

1組と2組の生徒の身長

身長(cm)	人数(人)	
	1組	2組
130以上 ～ 135未満		
135 ～ 140		
140 ～ 145		
145 ～ 150		
150 ～ 155		
155 ～ 160		
160 ～ 165		
合計		

② 1組でいちばん度数が多いのはどの階級ですか。〔10点〕

答え _____

③ 2組で145cm未満の人は何人いますか。〔10点〕

答え _____

④ 1組で155cm以上の人の割合は，1組全体の何％ですか。〔10点〕

答え _____

⑤ 2組で，145cm以上150cm未満の人の割合は，2組全体の何％ですか。〔10点〕

答え _____

1 右の表はある朝に，にわとりが産んだたまごの重さを記録したものです。

にわとりが産んだたまごの重さ（g）

①58	②56	③51	④53	⑤55	⑥62
⑦44	⑧60	⑨55	⑩57	⑪63	⑫57
⑬46	⑭51	⑮59	⑯52	⑰59	⑱47

① たまごの重さを5gごとに区切って度数分布表をつくります。あいているところをうめて，表を完成させましょう。〔10点〕

② ①でつくった表をもとにして，右の柱状グラフを完成させましょう。〔10点〕

たまごの重さ

重さ（g）	個数（個）
40以上 ～ 45未満	l
45 ～ 50	
50 ～ 55	
55 ～ 60	
60 ～ 65	
65 ～ 70	
合計	

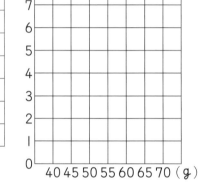

たまごの重さ

③ いちばん度数が多いのはどの階級ですか。〔10点〕

答え

④ 全部のたまごは，どこからどこまでのはんいに入っていますか。〔10点〕

答え

⑤ 50g未満のたまごは何個ありますか。〔10点〕

式

答え

2 右の表は，さとしさんの学校の5年生と6年生，それぞれ10人の1日の家庭学習時間を表したものです。

5年生

番号	時間(分)	番号	時間(分)
1	20	6	20
2	30	7	50
3	60	8	20
4	40	9	70
5	30	10	10

6年生

番号	時間(分)	番号	時間(分)
1	40	6	40
2	60	7	50
3	80	8	50
4	30	9	70
5	20	10	90

① 家庭学習時間の平均値は，どちらの学年が何分長いですか。〔10点〕

式

答え _____

② 下の度数分布表と柱状グラフを完成させましょう。〔20点〕

家庭学習時間

時間(分)	5年生(人)	6年生(人)
0以上 ～ 20未満		
20 ～ 40		
40 ～ 60		
60 ～ 80		
80 ～ 100		
合計		

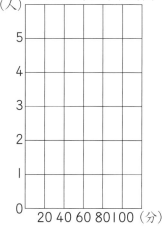

5年生の家庭学習時間

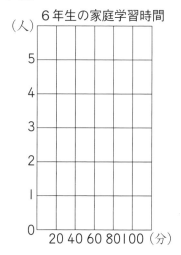

6年生の家庭学習時間

③ いちばん度数が多いのは，それぞれどの階級ですか。〔10点〕

答え _____

④ 1日60分以上家庭学習をする人は，それぞれ何人いますか。〔10点〕

答え _____

1 赤いテープの長さは1m，白いテープの長さは$\frac{2}{3}$mです。赤いテープの長さは，白いテープの長さの何倍ですか。〔8点〕

式 $1 \div \frac{2}{3} = 1 \times \boxed{} = \boxed{} = \boxed{1}$

答え $\boxed{}$ 倍

2 牛にゅうが大きいびんに2L，小さいびんに$\frac{2}{5}$L入っています。大きいびんの牛にゅうは，小さいびんの牛にゅうの何倍ありますか。〔8点〕

式 $2 \div \frac{2}{5} =$

答え　　　　　倍

3 黄色いリボンの長さは$\frac{4}{5}$m，青いリボンの長さは$\frac{3}{10}$mです。黄色いリボンの長さは，青いリボンの長さの何倍ですか。〔8点〕

式

答え

4 たてが$\frac{8}{9}$m，横が$\frac{4}{3}$mの長方形の形をした花だんがあります。たての長さは，横の長さの何倍ですか。〔8点〕

式

答え

5 ジュースが$\frac{6}{7}$L，牛にゅうが$\frac{4}{5}$Lあります。ジュースの量は，牛にゅうの量の何倍ですか。〔8点〕

式

答え

6 しょうまさんの家で，みかんが$\frac{9}{8}$kg，いちごが$\frac{6}{5}$kgとれました。みかんは，いちごの何倍とれましたか。〔8点〕

式

答え

7 赤いテープが$\frac{4}{5}$m, 白いテープが$\frac{2}{3}$mあります。赤いテープの長さは, 白いテープの長さのどれだけの割合ですか。〔8点〕

式　$\dfrac{4}{5} \div \dfrac{2}{3} = \dfrac{4}{5} \times$ 　□

　$=$ □　　答え □

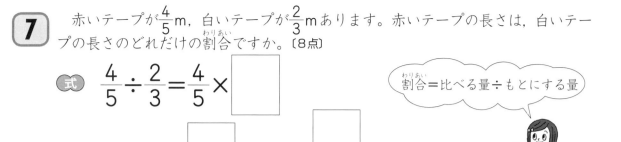

割合＝比べる量÷もとにする量

8 かべにペンキを, ひかりさんは$\frac{3}{5}$m², お父さんは$\frac{6}{7}$m²ぬりました。ひかりさんがペンキをぬった面積は, お父さんのぬった面積のどれだけの割合ですか。〔8点〕

式　$\dfrac{3}{5} \div \dfrac{6}{7} =$

答え

9 みさきさんは$\frac{7}{6}$Lのジュースのうち, きょう$\frac{1}{5}$Lを飲みました。みさきさんが飲んだジュースの量は, はじめにあったジュースの量のどれだけの割合ですか。

〔8点〕

式

答え

10 米が$\frac{15}{4}$kgありました。そのうちの$\frac{5}{6}$kgを食べました。食べた米の量は, はじめにあった米の量のどれだけの割合ですか。〔8点〕

式

答え

11 ある部屋の空気$\frac{7}{2}$m³の中に酸素が$\frac{7}{10}$m³ふくまれています。この部屋の空気の中にふくまれている酸素の量の割合はどれだけですか。〔10点〕

式

答え

12 リボンが$\frac{21}{8}$mあります。そのうち工作で$\frac{7}{4}$mを使いました。工作で使ったリボンの長さは, はじめにあったリボンの長さのどれだけの割合ですか。〔10点〕

式

答え

答え▶ 別冊解答
16 ページ

1 ジュースが3Lあります。牛にゅうの量は，ジュースの量の $\frac{2}{3}$ にあたります。牛にゅうは何Lありますか。〔6点〕

式 $3 \times \frac{2}{3} = \boxed{}$

答え $\boxed{}$ L

2 白いテープが8mあります。赤いテープの長さは，白いテープの長さの $\frac{3}{4}$ にあたります。赤いテープは何mありますか。〔6点〕

式 $8 \times \frac{3}{4} =$

答え　　　　　m

3 お兄さんの体重は45kgで，弟の体重はお兄さんの体重の $\frac{2}{5}$ にあたります。弟の体重は何kgですか。〔8点〕

式

答え

4 たくみさんの体重は32kgです。お父さんの体重は，たくみさんの体重の $\frac{15}{8}$ にあたります。お父さんの体重は何kgですか。〔8点〕

式

答え

5 ももかさんの学校の5年生と6年生は全部で120人です。そのうちの6年生の人数は，5・6年生全体の人数の $\frac{3}{5}$ にあたります。6年生は何人ですか。〔8点〕

式

答え

6 はるきさんの身長は140cmです。お兄さんの身長は，はるきさんの身長の $\frac{6}{5}$ にあたります。お兄さんの身長は何cmですか。〔8点〕

式

答え

7 たての長さが $\frac{5}{4}$ mの長方形の花だんがあります。横の長さは，たての長さの $\frac{4}{3}$ にあたります。横の長さは何mですか。〔8点〕

式 $\frac{5}{4} \times \frac{4}{3} =$

答え _____ m

8 赤いリボンが $\frac{3}{4}$ mあります。青いリボンの長さは，赤いリボンの長さの $\frac{2}{3}$ にあたります。青いリボンは何mありますか。〔8点〕

式

答え _____

9 ジュースが $\frac{8}{7}$ Lありました。そのうち，きょう $\frac{1}{4}$ を飲みました。飲んだジュースの量は何Lですか。〔8点〕

式

答え _____

10 米が $\frac{10}{9}$ kgありました。そのうちの $\frac{3}{5}$ を食べました。食べた米の量は何kgですか。

〔8点〕

式

答え _____

11 えいたさんの家の畑から，にんじんが $\frac{9}{2}$ kgとれました。そのうちの $\frac{1}{6}$ を料理に使いました。料理に使ったにんじんの量は何kgですか。〔8点〕

式

答え _____

12 $\frac{10}{3}$ m²あるかべにペンキをぬっています。これまでに，その $\frac{2}{5}$ をぬり終わりました。これまでにぬったかべの面積は何m²ですか。〔8点〕

式

答え _____

13 油が $\frac{7}{9}$ Lありました。お母さんが，そのうちの $\frac{3}{14}$ を料理に使いました。料理に使った油の量は何Lですか。〔8点〕

式

答え _____

35

わりあい
割合の問題③

答え▶ 別冊解答
16・17ページ

1 　赤いテープは6mで，これは青いテープの長さの3倍にあたります。青いテープは何mですか。〔8点〕

式　$6 \div 3 =$ ☐　　　　　答え ☐ m

2 　赤いテープは6mで，これは黄色いテープの長さの2倍にあたります。黄色いテープは何mですか。〔8点〕

式

答え

3 　赤いテープは6mで，これは緑色のテープの長さの$\frac{3}{2}$にあたります。緑色のテープの長さは何mですか。〔8点〕

式

答え

4 　赤いテープは6mで，これはもも色のテープの長さの$\frac{2}{3}$にあたります。もも色のテープの長さは何mですか。〔8点〕

式

答え

5 　そうまさんの体重は30kgです。これは，お兄さんの体重の$\frac{5}{8}$にあたります。お兄さんの体重は何kgですか。〔8点〕

式

答え

6 　お父さんの体重は60kgです。これは，はるきさんの体重の$\frac{5}{3}$にあたります。はるきさんの体重は何kgですか。〔8点〕

式

答え

7 　さくらさんは，物語の本のうち36ページを読みました。これは，この本全体のページ数の$\frac{1}{3}$にあたるそうです。この物語の本は何ページありますか。〔8点〕

式

答え

8 ゆうとさんの身長は138cmです。これは，弟の身長の$\frac{6}{5}$にあたります。弟の身長は何cmですか。〔8点〕

(式)

答え _____

9 きょう，草取りをした広さは$\frac{4}{3}$m²です。これは，きのう草取りをした広さの$\frac{2}{5}$にあたるそうです。きのう草取りをした広さは何m²ですか。〔8点〕

(式)

答え _____ m²

10 かのんさんは，きょう牛にゅうを$\frac{2}{9}$L飲みました。これは，きのう飲んだ牛にゅうの量の$\frac{4}{3}$にあたるそうです。きのう飲んだ牛にゅうの量は何Lですか。〔8点〕

(式)

答え _____

11 お父さんがへいにペンキをぬっています。これまでにぬった面積は$\frac{7}{6}$m²で，これはへい全体の$\frac{3}{8}$にあたるそうです。へい全体の面積は何m²ですか。〔10点〕

(式)

答え _____

12 ひなたさんが持っている毛糸の長さは$\frac{7}{4}$mで，これは，しおりさんが持っている毛糸の長さの$\frac{7}{6}$にあたるそうです。しおりさんが持っている毛糸の長さは何mですか。〔10点〕

(式)

答え _____

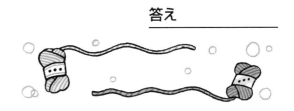

36

わりあい
割合の問題④

1 ジュースが6dLあります。牛にゅうの量は，ジュースの量より$\frac{1}{3}$だけ多くあります。牛にゅうは何dLありますか。〔8点〕

式 $6 \times \left(1 + \frac{1}{3}\right) = 6 \times \frac{4}{3} = \boxed{}$

答え $\boxed{}$ dL

2 赤いテープが12mあります。白いテープの長さは，赤いテープの長さより$\frac{1}{6}$だけ長いそうです。白いテープは何mありますか。〔8点〕

式 $12 \times \left(1 + \frac{1}{6}\right) =$

答え　　　　　m

3 みゆさんは色紙を15まい持っています。こはるさんは，みゆさんより$\frac{1}{5}$だけ多く色紙を持っているそうです。こはるさんの持っている色紙は何まいですか。〔8点〕

式

答え

4 かいとさんの体重は36kgです。お兄さんの体重は，かいとさんの体重より$\frac{2}{9}$だけ重いそうです。お兄さんの体重は何kgですか。〔8点〕

式

答え

5 あおいさんの身長は136cmです。お父さんの身長は，あおいさんの身長より$\frac{1}{4}$だけ高いそうです。お父さんの身長は何cmですか。〔8点〕

式

答え

6 牧場に牛が120頭います。この牧場の馬の数は，牛の数より$\frac{3}{8}$だけ多いそうです。馬は何頭いますか。〔8点〕

式

答え

7 ひなたさんは，きょう家で $\dfrac{7}{5}$ 時間勉強しました。お姉さんは，ひなたさんの勉強した時間より $\dfrac{1}{4}$ だけ多く勉強しました。お姉さんは何時間勉強しましたか。

〔8点〕

(式)

答え _____

8 ゆうきさんの飲んだジュースの量は $\dfrac{8}{5}$ dLです。お兄さんは，ゆうきさんの飲んだジュースの量より $\dfrac{3}{8}$ だけ多く飲みました。お兄さんは何dL飲みましたか。〔8点〕

(式)

答え _____

9 黄色いリボンが $\dfrac{4}{9}$ mあります。青いリボンの長さは，黄色いリボンの長さより $\dfrac{1}{8}$ だけ長いそうです。青いリボンの長さは何mですか。〔8点〕

(式)

答え _____

10 たての長さが $\dfrac{7}{10}$ mの長方形があります。横の長さは，たての長さより $\dfrac{2}{7}$ だけ長いそうです。横の長さは何mですか。〔8点〕

(式)

答え _____

11 きのう，$\dfrac{8}{7}$ m²の面積の草取りをしました。きょうは，きのうより $\dfrac{1}{6}$ だけ広い面積の草取りをしました。きょう草取りをした面積は何m²ですか。〔10点〕

(式)

答え _____

12 だいちさんの家の畑から，じゃがいもが $\dfrac{9}{4}$ kgとれました。さくらさんの家の畑からとれたじゃがいもの量は，だいちさんの家の畑からとれたじゃがいもの量より $\dfrac{1}{15}$ だけ多いそうです。さくらさんの家の畑からとれたじゃがいもの量は何kgですか。〔10点〕

(式)

答え _____

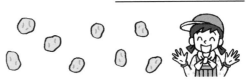

37 わりあい 割合の問題⑤

答え▶別冊解答
17・18ページ

1 大豆が4kgあります。あずきの量は，大豆の量より$\frac{1}{4}$だけ少ないそうです。あずきは何kgありますか。〔8点〕

式　$4 \times \left(1 - \frac{1}{4}\right) = 4 \times \frac{3}{4} = \boxed{}$

答え $\boxed{}$ kg

2 青いロープが15mあります。白いロープの長さは，青いロープの長さの$\frac{1}{5}$だけ短いそうです。白いロープは何mありますか。〔8点〕

式　$15 \times \left(1 - \frac{1}{5}\right) =$

答え　　　　　　m

3 赤いおはじきが27個あります。青いおはじきの数は，赤いおはじきの数の$\frac{1}{9}$だけ少ないそうです。青いおはじきは何個ありますか。〔8点〕

式

答え

4 お父さんの体重は60kgです。まもるさんの体重は，お父さんの体重より$\frac{2}{5}$だけ軽いそうです。まもるさんの体重は何kgですか。〔8点〕

式

答え

5 はるきさんの身長は140cmです。弟の身長は，はるきさんの身長より$\frac{1}{7}$だけ低いそうです。弟の身長は何cmですか。〔8点〕

式

答え

6 ももかさんの学校の低学年の生徒は180人です。高学年の生徒の人数は，低学年の人数の$\frac{1}{15}$だけ少ないそうです。高学年の生徒は何人いますか。〔8点〕

式

答え

7 白いテープの長さは $\frac{6}{5}$ m です。黄色いテープの長さは，白いテープの長さの $\frac{1}{3}$ だけ短いそうです。黄色いテープの長さは何 m ですか。〔8点〕

（式）　　　　　　　　　　　　　　　　　　　答え _____

8 お父さんは $\frac{7}{4}$ m² の面積の草取りをしました。りょうまさんは，お父さんが草取りをした面積より $\frac{1}{5}$ だけ少なく草取りをしました。りょうまさんが草取りをした面積は何 m² ですか。〔8点〕

（式）　　　　　　　　　　　　　　　　　　　答え _____

9 かのんさんは $\frac{3}{10}$ L の牛にゅうを飲みました。弟は，かのんさんの飲んだ牛にゅうの量より $\frac{1}{6}$ だけ少なく飲みました。弟の飲んだ牛にゅうの量は何 L ですか。〔8点〕

（式）　　　　　　　　　　　　　　　　　　　答え _____

10 お兄さんは，きょう家で $\frac{5}{2}$ 時間勉強をしました。たくみさんは，お兄さんの勉強した時間より $\frac{1}{5}$ だけ少なく勉強しました。たくみさんは何時間勉強しましたか。

〔8点〕

（式）　　　　　　　　　　　　　　　　　　　答え _____

11 たての長さが $\frac{10}{9}$ m の長方形の花だんがあります。横の長さは，たての長さの $\frac{1}{4}$ だけ短いそうです。横の長さは何 m ですか。〔10点〕

（式）　　　　　　　　　　　　　　　　　　　答え _____

12 太い鉄のぼうと細い鉄のぼうがあります。細い鉄のぼうの重さは，太い鉄のぼうの重さの $\frac{3}{8}$ だけ軽いそうです。太い鉄のぼうの重さは $\frac{12}{5}$ kg です。細い鉄のぼうの重さは何 kg ですか。〔10点〕

（式）　　　　　　　　　　　　　　　　　　　答え _____

38

わりあい
割合の問題⑥

1 牛にゅう8dLを，いつきさんと弟で分けます。弟の量が，いつきさんの量の$\frac{1}{3}$になるようにします。〔1問6点〕

① いつきさんの量を1とすると，全部の牛にゅうの量の割合はいくつになりますか。

式 $1 + \frac{1}{3} = \frac{4}{3}$

答え

② いつきさんの牛にゅうの量は何dLになりますか。

式 $8 \div \frac{4}{3} = 8 \times \frac{3}{4} = \boxed{}$

答え　　　dL

2 1組と2組があるゆうなさんの学年の児童数は60人です。1組の人数は，2組の人数の$\frac{7}{8}$にあたります。〔1問6点〕

① 2組の人数を1とすると，学年全体の人数の割合はいくつになりますか。

式 $1 + \frac{7}{8} = \frac{15}{8}$

答え

② 2組の人数は何人ですか。

式 $60 \div \frac{15}{8} =$

答え　　　人

3 色紙が21まいあります。これをしおりさんと妹で，妹のまい数がしおりさんのまい数の$\frac{2}{5}$になるように分けます。しおりさんの色紙は何まいになりますか。〔8点〕

式 $21 \div \left(1 + \frac{2}{5}\right) = 21 \div \frac{7}{5}$

$= 21 \times \frac{5}{7} = \boxed{}$　答え $\boxed{}$ まい

4 1組と2組があるさくらさんの学年の児童数は64人です。1組の人数は，2組の人数の$\frac{7}{9}$にあたります。2組の人数は何人ですか。〔8点〕

式 $64 \div \left(1 + \frac{7}{9}\right) =$

答え　　　人

5 18m²の花だんにチューリップとヒヤシンスを植えます。チューリップの面積は，ヒヤシンスの面積の $\frac{4}{5}$ になるようにします。ヒヤシンスの面積を何m²にすればよいでしょうか。〔10点〕

（式）

答え _____

6 おはじきが28個あります。これをひかりさんと妹で，ひかりさんの数が妹の数の $\frac{3}{4}$ になるように分けます。妹におはじきを何個分ければよいでしょうか。〔10点〕

（式）

答え _____

7 牛にゅうが $\frac{8}{3}$ L あります。これを小さいびんには，大きいびんに入れる量の $\frac{3}{5}$ になるように2つに分けて入れます。大きいびんの牛にゅうは何Lになりますか。

〔10点〕

（式）

答え _____

8 リボンが $\frac{4}{3}$ m あります。これをあかりさんと妹で，妹のリボンがあかりさんの長さの $\frac{5}{7}$ になるように分けます。あかりさんのリボンは何mになりますか。〔10点〕

（式）

答え _____

9 ねん土が $\frac{5}{3}$ kg あります。これをひろとさんと弟で，ひろとさんのねん土が弟の $\frac{5}{9}$ になるように分けます。弟にねん土を何kg分ければよいでしょうか。〔10点〕

（式）

答え _____

10 大豆が $\frac{20}{9}$ kg あります。これを小さいふくろには，大きいふくろに入れる量の $\frac{2}{3}$ を入れて，2つに分けます。大きいふくろの大豆は何kgになりますか。〔10点〕

（式）

答え _____

39

わりあい
割合の問題⑦

1 そうまさんは，きょうジュース全体の $\frac{3}{4}$ を飲みました。残っているジュースの量は 2 dL だそうです。〔1問6点〕

① はじめにあったジュースの量を1とすると，残っているジュースの量の割合はいくつになりますか。

式 $1 - \dfrac{3}{4} = \dfrac{\boxed{1}}{4}$

答え _____

② はじめにあったジュースは何dLですか。

式 $2 \div \dfrac{\boxed{1}}{4} = 2 \times \dfrac{4}{\boxed{1}} = \boxed{}$

答え [____] dL

2 お父さんは，きのう畑全体の面積の $\frac{3}{5}$ の草取りをしました。あと草取りの残っている部分の面積は20m²だそうです。〔1問6点〕

① 畑全体の面積を1とすると，草取りの残っている部分の面積の割合はいくつになりますか。

式 $1 - \dfrac{3}{5} = \dfrac{2}{5}$

答え _____

② 畑全体の面積は何m²ですか。

式 $20 \div \dfrac{2}{5} =$

答え _____ m²

3 あんなさんは，持っている色紙の $\frac{3}{8}$ を使いました。残っている色紙は15まいだそうです。はじめにあんなさんは色紙を何まい持っていましたか。〔8点〕

式 $15 \div \left(1 - \dfrac{3}{8}\right) = 15 \div \dfrac{5}{8}$

$= 15 \times \dfrac{8}{5} = \boxed{}$ 答え [____] まい

4 ひまりさんの家で，買ってきた灯油の $\frac{2}{9}$ を使いました。残っている灯油の量は14Lだそうです。買ってきた灯油は何Lでしたか。〔8点〕

式

答え _____

5 １組と２組があるだいちさんの学年の１組の人数は，学年全体の児童数の$\frac{5}{9}$で，２組の人数は16人です。だいちさんの学年の児童数は全部で何人ですか。〔10点〕

式

答え _____

6 お母さんは，きのう畑全体の面積の$\frac{4}{7}$の草取りをしました。あと草取りの残っている部分の面積は27m²だそうです。畑全体の面積は何m²ですか。〔10点〕

式

答え _____

7 花だんの$\frac{2}{3}$にチューリップを植えました。まだ植えていない花だんの面積は$\frac{8}{5}$m²です。花だん全体の面積は何m²ですか。〔10点〕

式

答え _____

8 あおいさんは，持っていたゴムひもの$\frac{5}{9}$を使ったところ，残りの長さが$\frac{8}{3}$mになりました。ゴムひもは，はじめに何mありましたか。〔10点〕

式

答え _____

9 ゆうなさんは，きょう牛にゅう全体の$\frac{3}{10}$を飲みました。残っている牛にゅうは$\frac{4}{5}$Lだそうです。牛にゅうは，はじめに何Lありましたか。〔10点〕

式

答え _____

10 お母さんは，きょう家にある米の$\frac{4}{15}$を使いました。残っている米は$\frac{11}{10}$kgだそうです。米は，はじめに何kgありましたか。〔10点〕

式

答え _____

40

べっさつ
答え➡ 別冊解答
19 ページ

1 赤いリボンが $\frac{6}{7}$ m，黄色いリボンが $\frac{3}{5}$ m あります。赤いリボンの長さは，黄色いリボンの長さのどれだけの割合ですか。〔8点〕

〔式〕

答え _____

2 はるとさんは，$\frac{4}{5}$ L のジュースのうち，きょう $\frac{3}{10}$ L を飲みました。はるとさんが飲んだジュースは，はじめにあったジュースのどれだけの割合ですか。〔8点〕

〔式〕

答え _____

3 お父さんの体重は56kgです。えいじさんの体重は，お父さんの体重の $\frac{5}{8}$ にあたるそうです。えいじさんの体重は何kgですか。〔8点〕

〔式〕

答え _____

4 お父さんの体重は54kgです。これは，ゆうきさんの体重の $\frac{9}{5}$ にあたるそうです。ゆうきさんの体重は何kgですか。〔8点〕

〔式〕

答え _____

5 ゆうなさんは，はり金を使って工作をしました。使ったはり金の長さは $\frac{3}{4}$ m で，これはもとの長さの $\frac{1}{8}$ にあたるそうです。もとのはり金の長さは何mですか。〔8点〕

〔式〕

答え _____

6 $\frac{15}{4}$ m² あるかべにペンキをぬっています。これまでに，その $\frac{2}{5}$ をぬり終わりました。これまでにぬったかべの面積は何m²ですか。〔10点〕

〔式〕

答え _____

7 しょうまさんはおはじきを20個持っています。いちかさんはおはじきを，しょうまさんの数の$\frac{1}{5}$だけ少なく持っているそうです。いちかさんの持っているおはじきの数は何個ですか。〔10点〕

式

答え _____

8 だいちさんの体重は32kgです。お父さんの体重は，だいちさんの体重より$\frac{5}{8}$だけ重いそうです。お父さんの体重は何kgですか。〔10点〕

式

答え _____

9 たての長さが$\frac{8}{7}$mの長方形の花だんがあります。横の長さは，たての長さより$\frac{1}{6}$だけ長いそうです。横の長さは何mですか。〔10点〕

式

答え _____

10 お姉さんは，きょう家で$\frac{7}{3}$時間勉強しました。ひかりさんは，お姉さんの勉強した時間より$\frac{5}{14}$だけ少なく勉強しました。ひかりさんは何時間勉強しましたか。

〔10点〕

式

答え _____

11 1組と2組があるゆうなさんの学年の児童数は72人です。1組の人数は，2組の人数の$\frac{5}{7}$にあたります。2組の人数は何人ですか。〔10点〕

式

答え _____

ひとやすみ

◆2を4つ使ってできる数

2を4つ使って，0から6までの数をつくりましょう。

右の□の中に，＋，－，×，÷のどれかの記号を入れて，0から6までの数をつくりましょう。また，必要ならば（ ）を使いましょう。

2□2□2□2＝0
2□2□2□2＝1
2□2□2□2＝2
2□2□2□2＝3
2□2□2□2＝4
2□2□2□2＝5
2□2□2□2＝6

（答えは別冊の31ページ）

41

わりあい
割合の問題⑨

1 たてが $\frac{11}{6}$ m，横が $\frac{7}{9}$ m の長方形の形をした花だんがあります。たての長さは，横の長さのどれだけの割合ですか。〔8点〕

［式〕

答え _____

2 米が $\frac{21}{8}$ kg ありました。そのうちの $\frac{3}{10}$ kg を食べました。食べた米の量は，はじめにあった米の量のどれだけの割合ですか。〔8点〕

［式〕

答え _____

3 そうまさんの学校の6年生は全部で96人です。そのうちの1組の人数は，6年生全体の人数の $\frac{7}{16}$ にあたります。1組の人数は何人ですか。〔8点〕

［式〕

答え _____

4 たくみさんの身長は132cmです。これは，弟の身長の $\frac{12}{11}$ にあたります。弟の身長は何cmですか。〔8点〕

［式〕

答え _____

5 さくらさんは，きょう水を $\frac{2}{5}$ L 飲みました。これは，きのう飲んだ水の量の $\frac{10}{9}$ にあたるそうです。きのう飲んだ水の量は何 L ですか。〔8点〕

［式〕

答え _____

6 $\frac{27}{8}$ m² あるかべにペンキをぬっています。これまでに，その $\frac{2}{9}$ をぬり終わりました。これまでにぬったかべの面積は何m²ですか。〔8点〕

［式〕

答え _____

7 ひろとさんの体重は32kgです。お兄さんの体重は，ひろとさんの体重より $\frac{1}{8}$ だけ重いそうです。お兄さんの体重は何kgですか。〔8点〕

(式)

答え _____

8 横の長さが $\frac{18}{7}$ cmの長方形があります。たての長さは，横の長さより $\frac{2}{9}$ だけ長いそうです。たての長さは何cmですか。〔8点〕

(式)

答え _____

9 しおりさんは，きょう家で $\frac{15}{4}$ 時間勉強しました。弟は，しおりさんの勉強した時間より $\frac{1}{6}$ だけ少なく勉強しました。弟は何時間勉強しましたか。〔8点〕

(式)

答え _____

10 あめが36個あります。これをえいたさんと弟で，えいたさんの数が弟の数の $\frac{4}{5}$ になるように分けます。弟にあめを何個分ければよいでしょうか。〔8点〕

(式)

答え _____

11 2つの組があるりょうまさんの学年の1組の人数は，学年全体の児童数の $\frac{3}{7}$ で，2組の人数は16人です。りょうまさんの学年の児童数は全部で何人ですか。〔10点〕

(式)

答え _____

12 リボンが $\frac{35}{9}$ mあります。これをかのんさんと姉で，姉のリボンがかのんさんの長さの $\frac{5}{9}$ 倍になるように分けます。かのんさんのリボンは何mになりますか。〔10点〕

(式)

答え _____

42

比の問題①

答え➡別冊解答
19ページ

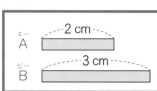

●左のＡとＢの長さの割合は

2 ： 3 （二対三）

と表し，ＡとＢの長さの比といいます。

1 赤いテープが3ｍ，白いテープが5ｍあります。赤いテープと白いテープの長さの比を求めましょう。〔6点〕

答え _____

2 ジュースが3Ｌ，牛にゅうが2Ｌあります。ジュースと牛にゅうの量の比を求めましょう。〔6点〕

答え _____

3 さとうが7kg，塩が8kgあります。さとうと塩の重さの比を求めましょう。〔6点〕

答え _____

4 中学生が15人，小学生が11人遊んでいます。中学生と小学生の人数の比を求めましょう。〔6点〕

答え _____

5 等しい比になるように，□にあてはまる数を書きましょう。〔1問4点〕

① 4 ： 2 ＝ 2 ： □
（÷2）

④ 4 ： 6 ＝ 2 ： □

② 9 ： 6 ＝ 3 ： □

⑤ 12 ： 20 ＝ 3 ： □

③ 16 ： 12 ＝ □ ： 3

⑥ 15 ： 35 ＝ □ ： 7

比の記号（：）の前の数と後の数を同じ数でわっても，比は等しくなります。

6 牛にゅうが大きいびんに12dL，小さいびんに8dL入っています。大きいびんと小さいびんの牛にゅうの量の比を，かんたんな比で表しましょう。〔6点〕

12：8＝3：2
です。

答え _____

7 校庭にいる6年生の人数は16人，5年生の人数は18人です。6年生の人数と5年生の人数の比を，かんたんな比で表しましょう。〔6点〕

答え _____

8 次のような長方形があります。たての長さと横の長さの比を，かんたんな比で表しましょう。〔8点〕

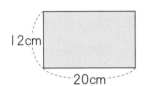

12cm
20cm

答え _____

9 あんなさんは，すを60mLとサラダ油を90mL使ってドレッシングをつくりました。すとサラダ油の量の比を，かんたんな比で表しましょう。〔8点〕

答え _____

10 ひなたさんは，ケーキをつくるのに小麦粉200gとさとう80gを混ぜました。小麦粉とさとうの重さの比を，かんたんな比で表しましょう。〔8点〕

答え _____

11 大きいたまごの重さは64g，小さいたまごの重さは52gです。大きいたまごと小さいたまごの重さの比を，かんたんな比で表しましょう。〔8点〕

答え _____

12 1本のリボンを75cmと25cmに分けました。長いリボンと短いリボンの長さの比を，かんたんな比で表しましょう。〔8点〕

答え _____

43 比の問題②

1 等しい比になるように，□にあてはまる数を書きましょう。〔1問4点〕

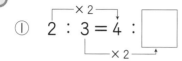

① 2：3＝4：□

④ 5：3＝20：□

② 2：5＝6：□

⑤ 6：5＝24：□

③ 4：3＝□：12

⑥ 3：7＝□：28

比の記号（：）の前の数と後の数に同じ数をかけても，比は等しくなります。

2 ゆうまさんは，たてと横の長さの比が3：4になるような長方形の旗をつくることにしました。たての長さを12cmにすると，横の長さを何cmにすればよいでしょうか。〔6点〕

式 3：4＝12：□

答え □ cm

3 みかん1個とりんご1個のねだんの比は2：5で，みかん1個のねだんは28円です。りんご1個のねだんは何円ですか。〔6点〕

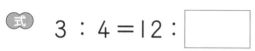

式 2：5＝

答え 円

4 花だんの赤い花と白い花の本数の比は4：3で，赤い花は24本あります。白い花は何本ありますか。〔6点〕

式

答え

5 みつきさんの学年の1組と2組の人数の比は8：9で，1組は16人います。2組は何人いますか。〔6点〕

式

答え

6 たくみさんの体重とお父さんの体重の比は 3 : 5 で，お父さんの体重は60kgです。たくみさんの体重は何kgですか。〔6点〕

式　$3 : 5 = \boxed{} : 60$

答え　　　　　　　 kg

7 食塩と水を 2 : 7 の重さの比で混ぜあわせて食塩水をつくります。水140gに対して，食塩を何g混ぜるとよいでしょうか。〔6点〕

式

答え

8 さとうと水を 1 : 9 の重さの比で混ぜあわせてさとう水をつくります。水360gに対して，さとうを何g混ぜるとよいでしょうか。〔8点〕

式

答え

9 学校の図書室にあるスポーツの本と物語の本のさっ数の比は 2 : 9 で，スポーツの本は140さつあるそうです。物語の本は何さつありますか。〔8点〕

式

答え

10 赤い色紙と青い色紙のまい数の比は 4 : 5 で，赤い色紙は120まいあります。青い色紙は何まいありますか。〔8点〕

式

答え

11 なまりとすずを 4 : 3 の重さの比になるように混ぜあわせてはんだをつくります。なまりを1.2kg使うと，すずは何kg必要になりますか。〔8点〕

式

答え

12 しょうまさんの体重とお兄さんの体重の比は 5 : 6 で，しょうまさんの体重は36.5kgです。お兄さんの体重は何kgですか。〔8点〕

式

答え

44 比例の問題①

1 水そうに一定の速さで水を入れていくと、1分ごとの水の深さが右の表のようになりました。

時　間（分）	1	2	3	4	5	6	…
水の深さ（cm）	2	4	6	8			…

① 上の表のあいているところに数を入れましょう。〔6点〕

② 時間が2倍、3倍になると、水の深さはどのように変わっていきますか。〔6点〕

答え　2倍、3倍になる。

③ 時間が $\frac{1}{2}$、$\frac{1}{3}$ になると、水の深さはどのように変わっていきますか。〔6点〕

答え　$\frac{1}{2}$、$\frac{1}{3}$ になる。

④ 水の深さの値は、対応する時間の値の、いつも何倍になっていますか。〔7点〕

答え

2 1mの重さが1.5kgの鉄のぼうについて考えます。

長　さ（m）	1	2	3	4	5	6	…
重　さ（kg）	1.5	3					…

① 上の表はぼうの長さと重さの関係を、表にしたものです。表のあいているところに数を入れましょう。〔6点〕

② 長さが2倍、3倍になると、重さはどのように変わっていきますか。〔6点〕

答え

③ 重さの値は、対応する長さの値の、いつも何倍になっていますか。〔6点〕

答え

④ ぼうの長さを x m、重さを y kgとして、x と y の関係を式で表すと、どのようになりますか。〔7点〕

式

3 水そうに一定の速さで水を入れていくと、1分ごとの水の深さが右の表のようになりました。

時　間（分）	1	2	3	4	5	6	…
水の深さ（cm）	3	6	9	12	15	18	…

① 水の深さの値は、対応する時間の値の、いつも何倍になっていますか。〔6点〕

答え _____

② 水を入れた時間を x 分、水の深さを y cmとして、x と y の関係を式で表すと、どのようになりますか。〔7点〕

式 _____

③ 水を入れ始めて8分後、水そうの水の深さは何cmになりますか。〔6点〕

式 $y = 3 \times 8$、$y = 24$

答え _____ cm

④ 水を入れ始めて14分後、水そうの水の深さは何cmになりますか。〔6点〕

式

答え _____

4 はり金の長さと重さの関係を調べたら、右の表のようになりました。

長　さ（m）	0.5	1	1.5	2	2.5	3	…
重　さ（g）	40	80	120	160	200	240	…

① はり金の長さを x m、重さを y gとして、x と y の関係を式で表すと、どのようになりますか。〔7点〕

式 _____

② はり金の長さが5mのとき、重さは何gですか。〔6点〕

式

答え _____

③ はり金の長さが10mのとき、重さは何gですか。〔6点〕

式

答え _____

④ はり金の長さが6.5mのとき、重さは何gですか。〔6点〕

式

答え _____

45 比例の問題②

答え▶ 別冊解答 20 ページ

1 鉄のぼうをいろいろな長さに切って，重さをはかったところ，右の表のようになりました。

長 さ（m）	1	2	3	4	5	6	…
重 さ（kg）	2	4	6	8	10	12	…

① ぼうの長さを x m，重さを y kgとして，x と y の関係を式で表すと，どのようになりますか。〔5点〕

（式）＿＿＿＿＿＿＿＿＿＿＿＿＿＿＿＿

② ぼうの重さが18kgのとき，長さは何mですか。〔5点〕

（式） $18 = 2 \times x, \quad x = 18 \div 2 = 9$

答え＿＿＿＿＿ m

③ ぼうの重さが24kgのとき，長さは何mですか。〔6点〕

（式）

答え＿＿＿＿＿

④ ぼうの重さが30kgのとき，長さは何mですか。〔6点〕

（式）

答え＿＿＿＿＿

2 水そうに一定の速さで水を入れていくと，1分ごとの水の深さが右の表のようになりました。

時 間（分）	1	2	3	4	5	6	…
水の深さ（cm）	3	6	9	12	15	18	…

① 水を入れた時間を x 分，水の深さを y cmとして，x と y の関係を式で表すと，どのようになりますか。〔6点〕

（式）＿＿＿＿＿＿＿＿＿＿＿＿＿＿＿＿

② 水の深さが24cmになるのは，水を入れ始めて何分後ですか。〔6点〕

（式）

答え＿＿＿＿＿

③ 水の深さが42cmになるのは，水を入れ始めて何分後ですか。〔6点〕

（式）

答え＿＿＿＿＿

④ 水の深さが10.8cmになるのは，水を入れ始めて何分何秒後ですか。〔6点〕

（式）

答え＿＿＿＿＿

3 はり金の長さと重さの関係を調べたら，右の表のようになりました。

長 さ（m）	0.5	1	1.5	2	2.5	3	…
重 さ（g）	60	120	180	240	300	360	…

① はり金の長さを x m，重さを y g として，x と y の関係を式で表すと，どのようになりますか。〔6点〕

式 _____

② はり金の長さが7mのとき，重さは何 g ですか。〔6点〕

式

答え _____

③ はり金の長さが4.2mのとき，重さは何 g ですか。〔6点〕

式

答え _____

④ はり金の重さが480 g のとき，長さは何mですか。〔6点〕

式

答え _____

4 たての長さが2.5cmで，横の長さがいろいろな長方形の面積を調べたら，右の表のようになりました。

横の長さ（cm）	1	2	3	4	5	6	…
面 積（cm²）	2.5	5	7.5	10	12.5	15	…

① 横の長さを x cm，面積を y cm² として，x と y の関係を式で表すと，どのようになりますか。〔6点〕

式 _____

② 面積が20cm²のとき，横の長さは何cmですか。〔6点〕

式

答え _____

③ 横の長さが9cmのとき，面積は何cm²ですか。〔6点〕

式

答え _____

④ 面積が45cm²のとき，横の長さは何cmですか。〔6点〕

式

答え _____

⑤ 横の長さが15cmのとき，面積は何cm²ですか。〔6点〕

式

答え _____

46 比例の問題③

1 2Lのガソリンで30km走る自動車があります。10Lのガソリンでは，何km走ることができますか。〔5点〕

式 $10 \div 2 = \boxed{}$，$30 \times \boxed{} = \boxed{}$

答え $\boxed{}$ km

2 水道の水を6分間に36Lの割合で出します。18分間出すと，水は何L出ることになりますか。〔6点〕

式 $18 \div 6 =$

答え _____

3 食塩5gを水にとかして食塩水を100gつくりました。食塩30gで，これと同じこさの食塩水は何gつくることができますか。〔8点〕

式

答え _____

4 3mの重さが24gのはり金があります。このはり金8mの重さは何gですか。〔6点〕

式 $8 \div 3 =$ ，$24 \times \dfrac{8}{3} =$

答え _____ g

5 銅5cm³の重さをはかると，45gでした。この銅12cm³の重さは何gですか。〔8点〕

式

答え _____

6 くぎ60本の重さをはかったら90gでした。このくぎ10本の重さは何gですか。〔8点〕

式

答え _____

7 食塩を600g買ったら代金は240円でした。この食塩200gの代金は何円ですか。〔8点〕

式

答え _____

8 ある印さつ機は，2分間に100まい印さつします。この印さつ機で600まい印さつするには何分かかりますか。〔5点〕

式 $100 \div 2 = \boxed{}$，　$600 \div \boxed{} = \boxed{}$

答え $\boxed{}$ 分

9 たかしさんは，4分間に160m歩きます。この速さで歩くと，480m歩くのに何分かかりますか。〔6点〕

式 $160 \div 4 =$

答え _____

10 6本で360円のえん筆があります。720円では，同じえん筆が何本買えますか。〔8点〕

式

答え _____

11 くぎ40本の重さをはかったら240gありました。同じくぎ540gでは，何本あることになりますか。〔8点〕

式

答え _____

12 60gのおもりをつるすと30mmのびるバネがあります。このバネが8mmのびるのは何gのおもりをつるしたときですか。〔8点〕

式

答え _____

13 60まいのわら半紙の重さをはかると150gでした。同じわら半紙何まいかの重さをはかると40gでした。このわら半紙は何まいありますか。〔8点〕

式

答え _____

14 海水240Lから5kgの塩がとれました。3kgの塩をとるには，何Lの海水があればよいですか。〔8点〕

式

答え _____

1 面積が24cm²のたてと横の長さがいろいろな長方形について考えます。

たての長さ(cm)	1	2	3	4	6	8	…
横の長さ　(cm)	24	12	8				…

① 上の表は長方形のたての長さと横の長さの関係を表にしたものです。表のあいているところをうめましょう。〔6点〕

② たての長さが2倍, 3倍になると, 横の長さはどのように変わっていきますか。〔6点〕

答え $\frac{1}{2}$, $\frac{1}{3}$ になる。

③ たての長さが $\frac{1}{2}$, $\frac{1}{3}$ になると, 横の長さはどのように変わっていきますか。〔6点〕

答え 2倍, 3倍になる。

④ たての長さの値と, 対応する横の長さの値の積は, いつもいくつになりますか。〔6点〕

答え

2 12kmの道のりを行くときの時速と, かかる時間の関係について考えます。

時　　速 (km)	1	2	3	4	6	12	…
時　　間 (時間)	12	6	4				…

① 上の表は時速とかかる時間の関係を表にしたものです。表のあいているところをうめましょう。〔6点〕

② 時速が2倍, 3倍になると, かかる時間はどのように変わっていきますか。〔7点〕

答え

③ かかる時間が $\frac{1}{2}$, $\frac{1}{3}$ になると, 時速はどのように変わっていきますか。〔7点〕

答え

④ 時速を x km, かかる時間を y 時間として, x と y の関係を式で表すと, どのようになりますか。〔7点〕

 式

3 水が90Lまで入れられる水そうに，一定の速さで水を入れます。1分間に入れる量と，いっぱいになるまでの時間の関係をまとめると右の表のようになりました。

1分間の水の量(L)	1	2	3	5	6	…
かかる時間(分)	90	45	30	18	15	…

① 1分間の水の量を x L，いっぱいにするのにかかる時間を y 分として，x と y の関係を式で表すと，どのようになりますか。〔7点〕

(式) _____

② 1分間に9L入れると，何分でいっぱいになりますか。〔7点〕

(式) $y = 90 \div 9, \quad y = 10$

答え _____

③ 1分間に15L入れると，何分でいっぱいになりますか。〔7点〕

(式)

答え _____

④ 1分間に30L入れると，何分でいっぱいになりますか。〔7点〕

(式)

答え _____

4 面積が36cm²の平行四辺形について，底辺の長さと高さの関係を調べて，表にまとめました。

底辺の長さ(cm)	1	2	3	4	6	…
高　さ (cm)	36	18	12	9	6	…

① 底辺の長さを x cm，高さを y cmとして，x と y の関係を式で表すと，どのようになりますか。〔7点〕

(式) _____

② 底辺の長さが9cmのとき，平行四辺形の高さは何cmですか。〔7点〕

(式)

答え _____

③ 底辺の長さが12cmのとき，平行四辺形の高さは何cmですか。〔7点〕

(式)

答え _____

48 反比例の問題②

1 水が60Lまで入れられる水そうに，一定の速さで水を入れます。1分間に入れる量と，

1分間の水の量(L)	1	2	3	4	5	6	…
かかる時間(分)	60	30	20	15	12	10	…

いっぱいになるまでの時間の関係をまとめると上の表のようになりました。

① 1分間の水の量をxL，いっぱいにするのにかかる時間をy分として，xとyの関係を式で表すと，どのようになりますか。〔7点〕

（式）

② 6分でいっぱいにするには，1分間に何Lの水を入れればよいですか。〔7点〕

（式） $6 = 60 \div x, \quad x = 60 \div 6 = 10$　　　答え

③ 5分でいっぱいにするには，1分間に何Lの水を入れればよいですか。〔7点〕

（式）

答え

④ 4分でいっぱいにするには，1分間に何Lの水を入れればよいですか。〔7点〕

（式）

答え

2 120kmの道のりを行くときの時速と，かかる時間の関係について調べて，右の表をつくりました。

時　速（km）	1	2	3	4	5	6	…
時　間（時間）	120	60	40	30	24	20	…

① 時速を$x$km，かかる時間をy時間として，xとyの関係を式で表すと，どのようになりますか。〔7点〕

（式）

② 15時間で行くには，時速何kmで行けばよいですか。〔7点〕

（式）

答え

③ 3時間で行くには，時速何kmで行けばよいですか。〔7点〕

（式）

答え

3 面積が30cm²のさまざまな三角形について，底辺の長さと高さの関係を調べて，表にまとめました。

底辺の長さ(cm)	1	2	3	4	5	…
高　さ　(cm)	60	30	20	15	12	…

① 底辺の長さを x cm，高さを y cmとして，x と y の関係を式で表すと，どのようになりますか。〔7点〕

　＿＿＿＿＿＿＿＿＿＿＿＿＿＿＿＿＿＿＿

② 底辺の長さが10cmのとき，高さは何cmですか。〔7点〕
式

答え＿＿＿＿＿＿＿＿＿＿＿

③ 高さが4cmのとき，底辺の長さは何cmですか。〔7点〕
式

答え＿＿＿＿＿＿＿＿＿＿＿

④ 底辺の長さが12cmのとき，高さは何cmですか。〔7点〕
式

答え＿＿＿＿＿＿＿＿＿＿＿

⑤ 底辺の長さを何cmにすると，高さが6cmになりますか。〔7点〕
式

答え＿＿＿＿＿＿＿＿＿＿＿

⑥ 底辺の長さが20cmのとき，高さは何cmですか。〔8点〕
式

答え＿＿＿＿＿＿＿＿＿＿＿

⑦ 高さを何cmにすると，底辺の長さが15cmになりますか。〔8点〕
式

答え＿＿＿＿＿＿＿＿＿＿＿

49 反比例の問題③

答え▶ 別冊解答
21・22 ページ

1 たての長さが4cmで，横の長さが9cmの長方形があります。この長方形と同じ面積で，たての長さが3cmの長方形の横の長さは何cmですか。〔5点〕

式　$4 \times 9 = \boxed{}$　，　$\boxed{} \div 3 = \boxed{}$

答え $\boxed{}$ cm

2 1分間に5Lずつ水を入れると，18分でいっぱいになる水そうがあります。この水そうを6分でいっぱいにするには，水を1分間に何Lずつ入れればよいですか。〔5点〕

式　$5 \times 18 =$

答え ＿＿＿＿＿＿

3 時速12kmの自転車で3時間かかる道のりを，時速18kmのバスで行くと何時間かかりますか。〔10点〕

式

答え ＿＿＿＿＿＿

4 底辺の長さが6cmで，高さが5cmの平行四辺形と同じ面積で，高さが3cmの平行四辺形の底辺の長さは何cmですか。〔10点〕

式

答え ＿＿＿＿＿＿

5 ゆうなさんは家を出て，分速60mで8分歩くと，図書館に着きました。帰りは10分かかって家に着きました。分速何mで歩きましたか。〔10点〕

式

答え ＿＿＿＿＿＿

6 大きなタンクに水をためています。1時間に35Lずつ入れるといっぱいにするのに，6時間かかりました。同じタンクに1時間に42Lずつ入れると，何時間かかりますか。〔10点〕

式

答え ＿＿＿＿＿＿

7 底辺の長さが6cmで高さが7cmの平行四辺形と同じ面積で、高さが14cmの平行四辺形の底辺の長さは何cmですか。〔5点〕

(式)

答え _____

8 1分間に60Lずつ水を入れると、45分でいっぱいになるプールがあります。このプールを30分でいっぱいにするには、水を1分間に何Lずつ入れればよいですか。〔5点〕

(式)

答え _____

9 時速36kmで走るバスでA町からB町へ行くと、2時間かかりました。同じ道のりを時速18kmの自転車で帰るとすると、何時間かかりますか。〔10点〕

(式)

答え _____

10 新幹線で4時間で行ける町に、電車で行くと10時間かかりました。新幹線は時速140kmです。電車は時速何kmですか。〔10点〕

(式)

答え _____

11 底辺の長さが16cmで高さが5cmの平行四辺形と同じ面積で、底辺の長さが20cmの平行四辺形の高さは何cmですか。〔10点〕

(式)

答え _____

12 1kgが800円のお肉を7kg買うつもりでしたが、1kgあたりのねだんが100円安くなっていました。同じ代金をはらったとき、そのお肉は何kg買えますか。〔10点〕

(式)

答え _____

50 比例と反比例の問題

1 2時間で160km走る電車があります。この速さで5時間走ると, 走った道のりは何kmになりますか。〔10点〕

式

答え _____

2 4kgのおもりをつけると10cmのびるばねがあります。同じばねに20kgのおもりをつけると, ばねののびは何cmになりますか。〔10点〕

式

答え _____

3 4Lのガソリンで36km走る自動車があります。24Lのガソリンでは, 何km走ることができますか。〔10点〕

式

答え _____

4 くぎ45本の重さをはかったら270gありました。同じくぎ450gでは, 何本あることになりますか。〔10点〕

式

答え _____

5 食塩を800g買ったら代金は240円でした。この食塩300gの代金は何円ですか。
〔10点〕

式

答え _____

6 時速60kmの自動車で行くと3時間かかる道のりを，9時間で行くには，時速何kmで行けばよいですか。〔10点〕

（式）

答え _____

7 たての長さが8cmで横の長さが9cmの長方形と同じ面積で，たての長さが12cmの長方形の横の長さは何cmですか。〔10点〕

（式）

答え _____

8 1分間に8Lずつ水を入れると，12分でいっぱいになる水そうがあります。この水そうを16分でいっぱいにするには，水を1分間に何Lずつ入れればよいですか。〔10点〕

（式）

答え _____

9 秒速18mで飛ぶわたり鳥がいます。わたり鳥が20秒間飛んだきょりを，はやとさんが秒速6mで走りました。何秒かかりましたか。〔10点〕

（式）

答え _____

10 底辺の長さが12cmで高さが6cmの平行四辺形と同じ面積で，底辺の長さが9cmの平行四辺形の高さは何cmですか。〔10点〕

（式）

答え _____

1 A町とB町は5kmはなれています。そして地図の上で見ると10cmはなれています。この地図の縮尺はいくらですか。分数で答えましょう。〔10点〕

式 5km＝500000cm

10÷500000＝$\dfrac{1}{\boxed{}}$

答え $\boxed{}$

2 C町とD町は6kmはなれています。そして地図の上で見ると12cmはなれています。この地図の縮尺はいくらですか。分数で答えましょう。〔10点〕

式 6km＝600000cm

12÷600000＝

答え ＿＿＿＿＿＿＿＿＿＿

3 かんなさんの町には，周囲が1.5kmの池があります。この池の周囲は，地図の上で見ると5cmでした。この地図の縮尺はいくらですか。分数で答えましょう。

〔10点〕

式

答え ＿＿＿＿＿＿＿＿＿＿

4 地図の上で4.5cmあるところを，お父さんの自動車のきょり計ではかったら，9kmでした。この地図の縮尺はいくらですか。分数で答えましょう。〔10点〕

式

答え ＿＿＿＿＿＿＿＿＿＿

5 あいりさんは，学校のしき地を縮図に表そうとしています。実際に200mあるところを5cmにかくには，縮尺をいくらにすればよいでしょうか。分数で答えましょう。〔10点〕

式

答え ＿＿＿＿＿＿＿＿＿＿

6 さくらさんの家からおじさんの家まで8kmあります。縮尺が5万分の1の地図では，何cmの長さに表されていますか。〔10点〕

式
$$8\,km = 800000\,cm$$
$$800000 \times \frac{1}{50000} = \boxed{}$$

答え ☐ cm

7 ひかりさんの家から駅まで6kmあります。縮尺が5万分の1の地図では，何cmの長さに表されていますか。〔10点〕

式 $6\,km = 600000\,cm$
$$600000 \times \frac{1}{50000} =$$

答え ＿＿＿＿＿＿ cm

8 南小学校と本町小学校は9kmはなれています。縮尺が15万分の1の地図では，何cmはなれていますか。〔10点〕

式

答え ＿＿＿＿＿＿

9 はるとさんの学校の北側のはしから南側のはしまでの長さは200mあります。この長さを縮尺が2000分の1の地図に表します。何cmにすればよいでしょうか。

〔10点〕

式

答え ＿＿＿＿＿＿

10 下川駅から上田駅まで4.5kmあります。縮尺が25000分の1の地図では，何cmに表されていますか。〔10点〕

式

答え ＿＿＿＿＿＿

縮図と拡大図の問題②

答え▶別冊解答22ページ

1 地図で駅から図書館までの長さをはかったら，5.2cmありました。この地図の縮尺は5万分の1です。駅から図書館まで実際には何kmありますか。〔10点〕

式 $5.2 \times 50000 = 260000$

$260000cm = \boxed{} km$

答え $\boxed{}$ km

2 地図で駅から学校までの長さをはかったら，2cmありました。この地図の縮尺は5万分の1です。駅から学校まで実際には何kmありますか。〔10点〕

式 $2 \times 50000 = 100000$

$100000cm =$

答え　　　　　　km

3 緑小学校と南小学校は，縮尺5万分の1の地図の上で，8cmはなれています。実際には何kmはなれていますか。〔10点〕

式

答え

4 上野駅と東山駅は，縮尺10万分の1の地図の上で，4.5cmはなれています。実際には何kmはなれていますか。〔10点〕

式

答え

5 そうたさんの家からおばさんの家までは，縮尺10万分の1の地図の上で，5.6cm はなれています。実際には何kmはなれていますか。〔15点〕

答え _____

6 縮尺25000分の1の地図の上で，周囲が8cmある池があります。この池の周囲は，実際には何kmありますか。〔15点〕

答え _____

7 縮尺1000分の1でかかれた学校の地図があります。この地図ではプールのたての長さが2.5cmになっています。実際のプールのたての長さは何mですか。〔15点〕

答え _____

8 次の図は，2000分の1の縮図です。この長方形の実際のたてと横の長さはそれぞれ何mですか。〔15点〕

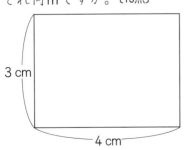

答え _____

1 右の図のような川はばAB の実際の長さは，約何m ですか。500分の1 の縮図をかいて求めましょう。〔10点〕

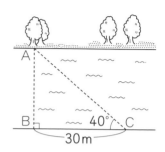

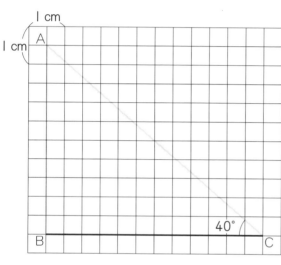

式 BCの縮図の長さ

$$3000 \times \frac{1}{500} = 6$$

縮図より，ABは約5cm。

$$5 \times 500 = 2500$$

$$2500cm = \boxed{} m$$

答え 約 $\boxed{}$ m

2 右の図のような川はばAB の実際の長さは，約何mですか。500分の1 の縮図をかいて求めましょう。〔30点〕

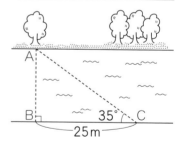

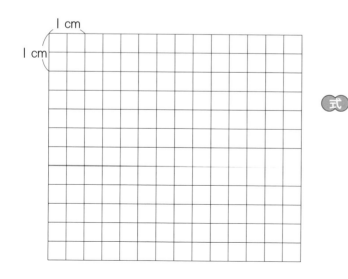

式

答え _____

3 下の図のような池の両側にある２本の木は，実際には約何mはなれていますか。
1000分の１の縮図をかいて求めましょう。〔30点〕

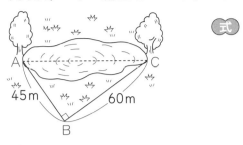

式

答え＿＿＿＿＿＿＿＿＿＿＿

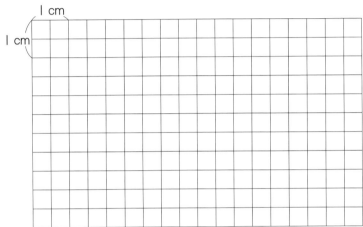

図の向きを変えて
かくといいよ。

4 ひろとさんは，下の図のようにして，ビルの高さをはかろうとしています。地
面から目の位置までの高さを1.3mとすると，ビルの実際の高さは約何mですか。
500分の１の縮図をかいて求めましょう。〔30点〕

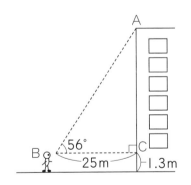

式

答え＿＿＿＿＿＿＿＿＿＿＿

54 場合の数の問題①

答え▶ 別冊解答 23ページ

1 A, B, Cの3人が, 横1列にならびます。どんなならび方がありますか。ならび方を表す下の図を見て, ならび方を全部書きましょう。〔10点〕

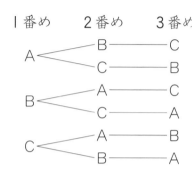

| 1番め | 2番め | 3番め |

答え
A－B－C, A－C－B,
B－　　　, B－
C－　　　, C－

2 3人がけのいすがあります。これに, A, B, Cの3人がすわります。どんなすわり方がありますか。すわり方を全部書きましょう。〔10点〕

答え

3 1, 2, 3 の3まいの数字カードをならべて3けたの数をつくります。できる3けたの数を全部書きましょう。〔10点〕

答え

4 下の〈例〉のように, 3つの部分を, 赤, 白, 青の3色にぬり分けます。どんなぬり方がありますか。ぬり方を全部書きましょう。〔10点〕

〈例〉

| 赤 | 白 | 青 |

答え

5 　お父さんは，庭の南側のへいにそって１列に梅，松，さざんかの３本の木を植えようと考えています。植え方には，どんな順序がありますか。〔1問10点〕

①　梅を『U』，松を『M』，さざんかを『S』で表し，植え方を全部書きましょう。

答え

②　植え方は，全部で何通りありますか。

答え＿＿＿＿＿＿＿＿＿

6 　A，B，C，Dの４人でリレーのチームをつくりました。どんな走る順序がありますか。〔1問10点〕

①　走る順序を全部書きましょう。

答え

②　走る順序は，全部で何通りありますか。

答え＿＿＿＿＿＿＿＿＿

7 　下の図のA，B，C，Dの４つの部分を，赤，白，青，緑の４色にぬり分けます。ぬり分け方は何通りありますか。〔20点〕

| A | B | C | D |

答え＿＿＿＿＿＿＿＿＿

55 場合の数の問題②

1 ①, ②, ③の3まいの数字カードのうち, 2まいを使って2けたの整数をつくります。下の図を見て, できる2けたの整数を全部書きましょう。〔10点〕

(十の位)　(一の位)

答え ［ 12, 13, ］

2 ②, ④, ⑥の3まいの数字カードのうち, 2まいを使って2けたの整数をつくります。できる2けたの整数を全部書きましょう。〔10点〕

答え ［　　　　　　　　］

3 ①, ②, ③, ④の4まいの数字カードのうち, 2まいを使って2けたの整数をつくります。できる2けたの整数を全部書きましょう。〔15点〕

答え ［　　　　　　　　］

4 ゆうなさん, かのんさん, みつきさん, さくらさんの4人でグループをつくりました。この中から, 班長, 副班長を1人ずつ選びます。どんな選び方がありますか。ゆうなさんを『Y』, かのんさんを『K』, みつきさんを『M』, さくらさんを『S』として, 班長, 副班長の選び方を全部書きましょう。〔15点〕

答え ［　　　　　　　　］

5 赤，白，青，緑の4色を使って，下の図のA，Bの部分をぬり分けます。

① どんなぬり分け方がありますか。全部の場合を書きましょう。

〔10点〕

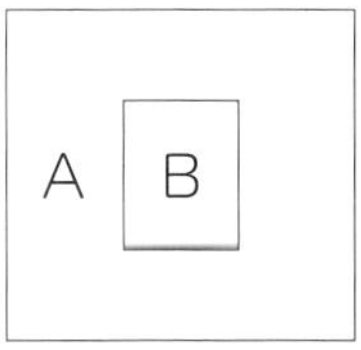

A B

答え ⎡
　　　⎢
　　　⎢
　　　⎢
　　　⎢
　　　⎢
　　　⎣

② ぬり分け方は，全部で何通りありますか。〔5点〕

答え＿＿＿＿＿＿＿＿＿＿＿

6 赤，白，青，黄の4色を使って，下の図のA，B，Cの3つの部分を3色にぬり分けます。

① どんなぬり分け方がありますか。全部の場合を書きましょう。

〔10点〕

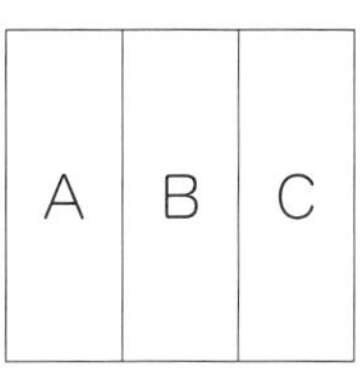

A B C

答え ⎡
　　　⎢
　　　⎢
　　　⎢
　　　⎢
　　　⎣

② ぬり分け方は，全部で何通りありますか。〔5点〕

答え＿＿＿＿＿＿＿＿＿＿＿

7 3，4，5，6の4まいの数字カードがあります。この数字カードのうち2まいを使って分数をつくります。できる分数は全部で何通りありますか。

〔20点〕

答え＿＿＿＿＿＿＿＿＿＿＿

56 場合の数の問題③

1 10円玉1個を続けて2回投げます。『おもて』と『うら』の出方にはどんな場合がありますか。下の図を見て，全部の場合を書きましょう。〔10点〕

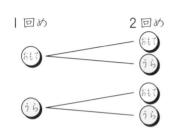

答え

（1回め）ー（2回め）

おもてーおもて，
おもてー　　　．
う　らー　　　．
う　らー

2 牛にゅうびんのキャップ1つを2回続けて投げます。『おもて』と『うら』の出方にはどんな場合がありますか。全部の場合を書きましょう。〔15点〕

答え

3 メダル1個を続けて3回投げます。このとき，『おもて』と『うら』の出方にはどんな場合がありますか。全部の場合を書きましょう。〔15点〕

答え

4 たくみさんとももかさんがじゃんけんをします。2人が『グー』『チョキ』『パー』を出す出し方にはどんな場合がありますか。全部の場合を書きましょう。〔15点〕

答え

5 本町から緑町を通って山の頂上まで行くときの登り方は，下の図のようになっています。この登り方の組み合わせは，どんな場合が考えられますか。全部の場合を書きましょう。〔15点〕

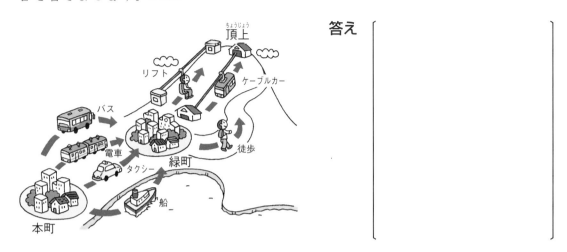

答え

6 ｜から6までの目のついた大きいさいころ｜個と小さいさいころ｜個を同時に投げます。2つのさいころの目の出方を全部書きましょう。〔15点〕

答え

7 下の図は家から学校までの道を表しています。家から学校まで遠まわりをしないで行きます。ア〜ケの地点を通る通り方には，どんな通り方がありますか。全部の場合を記号で書きましょう。〔15点〕

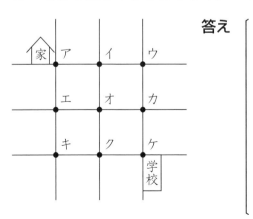

答え

57 場合の数の問題④

1 A, B, Cの3チームが野球の試合をします。どのチームもちがったチームと１回ずつ試合をします。どんな組み合わせがありますか。組み合わせを表す下の表を見て、全部の場合を書きましょう。〔10点〕

	A	B	C
A		A-B	A-C
B	B-A		B-C
C	C-A	C-B	

すべての組み合わせを考えて、同じ組み合わせをのぞきます。

答え [A－B,]

2 あさひさん、たくみさん、そうまさんの3人がすもうをします。どの人とも１回ずつすもうをとると、どんな組み合わせができますか。全部の場合を書きましょう。〔10点〕

答え [ ]

3 A, B, C, Dの4チームがサッカーの試合をします。どのチームもちがったチームと１回ずつ試合をします。どんな組み合わせがありますか。組み合わせを表す下の図を見て、全部の場合を書きましょう。〔10点〕

答え [ ]

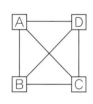

A－B, A－C, ……
のように組み合わせを線で結んでいます。

4 A, B, C, Dの4人が2人ずつ組をつくります。どんな組のつくり方がありますか。全部の場合を書きましょう。〔10点〕

答え [ ]

5 赤, 白, 青, 黄の4色の中から2色を選びます。色の選び方は、どんな選び方がありますか。全部の場合を書きましょう。〔10点〕

答え [ ]

6 A，B，C，D，Eの5チームが野球の試合をします。どのチームもちがったチームと1回ずつ試合をします。どんな組み合わせがありますか。下の図を見て，全部の場合を書きましょう。〔10点〕

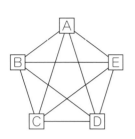

答え [　]

7 りんご，ぶどう，なし，かきが1個ずつあります。この中から2個を選びます。どんな選び方がありますか。選び方を全部書きましょう。〔10点〕

答え [　]

8 下の図のように4本のジュースがあります。このうち3本を選んで箱に入れます。どんな選び方がありますか。選び方を全部書きましょう。〔15点〕

答え [　]

9 A，B，C，D，Eの5種類のかんづめの中から，3種類を選んで箱に入れます。どんな組み合わせができますか。全部の場合を書きましょう。〔15点〕

答え [　]

58 場合の数の問題⑤

答え➡別冊解答
25 ページ

1 ふくろの中に，赤，白，青の3種類の玉が，それぞれ2個ずつ入っています。ふくろの中から玉を2個だけ取り出します。どんな色の組み合わせがあるか，全部書きましょう。〔10点〕

・一方が赤の場合
赤と赤，赤と白，赤と青
・一方が白の場合
白と赤，白と白，白と青
・一方が青の場合
青と赤，青と白，青と青

すべての組み合わせを考えて，同じ組み合わせをのぞきます。

答え [　　　　　　　　]

2 ふくろの中に，赤，青，黄の3種類の玉が，それぞれ2個ずつ入っています。ふくろの中から玉を2個だけ取り出します。どんな色の組み合わせがあるか，全部書きましょう。〔10点〕

答え [　　　　　　　　]

3 ふくろの中に赤，白，青，黄の4種類の玉が，それぞれ2個ずつ入っています。ふくろの中から玉を2個だけ取り出します。どんな色の組み合わせがあるか，全部の場合を書きましょう。〔10点〕

答え [　　　　　　　　]

4 ふくろの中に赤玉が1個，白玉が2個，青玉が3個入っています。ふくろの中から玉を2個だけ取り出します。どんな色の組み合わせがあるか，全部の場合を書きましょう。〔10点〕

答え [　　　　　　　　]

5 1円，5円，10円の3種類のお金がそれぞれ1個ずつあります。そのうち，2個を取り出します。2個のお金の合計は，どんな金額になりますか。全部の場合を書きましょう。〔15点〕

答え [   ]

6 1円，10円，50円，100円の4種類のお金がそれぞれ1個ずつあります。このうち，2個を取り出します。2個のお金の合計は，どんな金額になりますか。全部の場合を書きましょう。〔15点〕

答え [   ]

7 1円，5円，10円，50円の4種類のお金がそれぞれ1個ずつあります。このうち，3個を取り出します。3個のお金の合計は，どんな金額になりますか。全部の場合を書きましょう。〔15点〕

答え [   ]

8 下の図のような4種類の分銅がそれぞれ1個ずつあります。この分銅を使ってはかることのできる重さを全部書きましょう。〔15点〕

答え [   ]

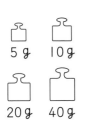

5g　10g

20g　40g

59 いろいろな問題①

答え➡別冊解答 25・26ページ

1 厚さ 2 cm の物語の本と厚さ 3 cm の図かんをべつべつに積み重ねていきます。積み重ねたときの高さが最初に同じになるのは何cmのときですか。〔10点〕

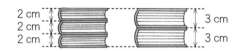

2 cm
2 cm
2 cm

3 cm
3 cm

答え _____

2 厚さ 4 cm の板と厚さ 6 cm のブロックをべつべつに積み重ねていきます。積み重ねたときの高さが最初に同じになるのは何cmのときですか。〔10点〕

答え _____

3 赤いランプは 6 秒に 1 回，青いランプは 8 秒に 1 回つきます。赤と青のランプが同時についてから，次にまた同時につくのは何秒後ですか。〔10点〕

（赤）├─6秒─┼─6秒─┼─6秒─┄┄

（青）├──8秒──┼──8秒──┄┄

答え _____

4 赤いランプは 6 秒に 1 回，青いランプは10秒に 1 回つきます。赤と青のランプが同時についてから，次にまた同時につくのは何秒後ですか。〔10点〕

答え _____

5 ある駅前から，東町行きのバスは 8 分おきに，西町行きのバスは12分おきに出発します。午前 8 時にこれらのバスが同時に出発しました。この駅から，次に同時に出発するのは，午前何時何分ですか。〔10点〕

答え _____

6 たて 6 cm, 横 9 cm の長方形の紙があります。この紙を下の図のようにならべて,できるだけ小さい正方形をつくります。正方形の 1 辺の長さは何 cm になりますか。

〔10点〕

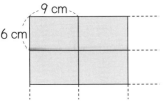

答え _____

7 たて 6 cm, 横 8 cm の長方形の紙があります。この紙を下の図のようにならべて,できるだけ小さい正方形をつくります。正方形の 1 辺の長さは何 cm になりますか。

〔10点〕

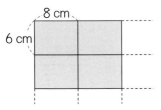

答え _____

8 赤いさいころは 1 個が 10 g です。青いさいころは 1 個が 12 g です。それぞれをべつのはかりに,1 個ずつのせてふやしていきます。赤と青のさいころの重さがはじめてちょうど同じになるのは,何 g のときですか。〔10点〕

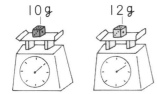

答え _____

9 下の図のように,長さ 12 cm の板と長さ 16 cm の板をべつべつにつないでいきます。つないだときの長さがはじめてちょうど同じになるのは,何 cm のときですか。

〔10点〕

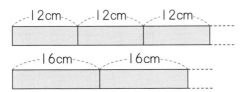

答え _____

10 1 個 40 円のみかんと 1 個 60 円のりんごをべつべつに何個か買います。みかんとりんごの代金がちょうど同じで,数がいちばん少ないのは,何円のときですか。

〔10点〕

答え _____

60 いろいろな問題②

答え▶別冊解答
26ページ

1 あめ8個をあまりが出ないように分けます。〔1問4点〕

① 1人分を1個ずつにすると，何人に分けることができますか。

答え ☐ 人

② 1人分を2個ずつにすると，何人に分けることができますか。

答え ＿＿＿＿＿

③ 1人分を4個ずつにすると，何人に分けることができますか。

答え ＿＿＿＿＿

2 あめ8個とクッキー12個をそれぞれ同じ数ずつあまりが出ないように分けます。
〔1問4点〕

① 1人分をあめ2個，クッキー3個ずつにすると，何人に分けることができますか。

答え ＿＿＿＿＿

② 1人分をあめ4個，クッキー6個ずつにすると，何人に分けることができますか。

答え ＿＿＿＿＿

3 あめが18個とクッキーが12個あります。このあめとクッキーをそれぞれ同じ数ずつあまりが出ないように，何人かに分けようと思います。何人に分けることができますか。1人をのぞいて，分けられる人数をすべて答えましょう。〔10点〕

答え ＿＿＿＿＿

4 ノートが16さつとえん筆が24本あります。このノートとえん筆をそれぞれ同じ数ずつあまりが出ないように，何人かに分けようと思います。何人に分けることができますか。1人をのぞいて，分けられる人数をすべて答えましょう。〔10点〕

答え ＿＿＿＿＿

5 みかんが12個とバナナが16本あります。このみかんとバナナをそれぞれ同じ数ずつあまりが出ないように，何人かに分けようと思います。いちばん多くの人に分けるとすると，何人になりますか。〔10点〕

答え _____

6 色紙が18まいと画用紙が24まいあります。この色紙と画用紙をそれぞれ同じまい数ずつあまりが出ないように，何人かに分けようと思います。いちばん多くの人に分けるとすると，何人になりますか。〔10点〕

答え _____

7 あめが24個，せんべいが40まいあります。このあめとせんべいをそれぞれ同じ数ずつあまりが出ないように，何人かに分けようと思います。いちばん多くの人に分けるとすると，何人になりますか。〔10点〕

答え _____

8 小学生が27人，中学生が18人います。小学生と中学生をそれぞれあまりが出ないように，同じ人数ずつに分けてグループをつくります。グループの数はいちばん多くていくつできますか。〔10点〕

答え _____

9 みかんが32個，りんごが24個あります。このみかんとりんごをそれぞれ同じ数ずつあまりが出ないように，何人かに分けようと思います。いちばん多くの人に分けるとすると，何人になりますか。〔10点〕

答え _____

10 赤い色紙が36まい，青い色紙が42まいあります。この赤い色紙と青い色紙をそれぞれ同じまい数ずつあまりが出ないように，何人かに分けようと思います。いちばん多くの人に分けるとすると，何人になりますか。〔10点〕

答え _____

いろいろな問題③

答え➡ 別冊解答
26ページ

1 ご石を下の図のようにならべました。〔1問6点〕

○ ○ ● ○ ○ ● ○ ○ ● ○ ○ ● …

黒のご石は，３で
わり切れるところに
ならんでいます。

① 左から６番めのご石は黒ですか，白ですか。

式　$6 \div 3 = 2$

答え ＿＿＿＿＿＿＿＿＿

② 左から７番めのご石は黒ですか，白ですか。

式　$7 \div 3 = 2 あまり 1$

答え ＿＿＿＿＿＿＿

③ 左から８番めのご石は黒ですか，白ですか。

式　$8 \div 3 = 2 あまり 2$

答え ＿＿＿＿＿＿＿

④ 左から11番めのご石は黒ですか，白ですか。

式

答え ＿＿＿＿＿＿＿

2 　赤，白，黄のおはじきを下の図のようにならべました。左から12番めのおはじきは何色ですか。〔10点〕

⊚ ⊚ ⊚ ⊚ ⊚ ⊚ ⊚ ⊚ ⊚ ⊚ ⊚ ⊚ …
赤 白 黄 赤 白 黄 赤 白 黄 赤 白 黄

式

答え ＿＿＿＿＿＿＿

3 　赤，白，黄のおはじきを下の図のようにならべました。左から17番めのおはじきは何色ですか。〔10点〕

⊚ ⊚ ⊚ ⊚ ⊚ ⊚ ⊚ ⊚ ⊚ ⊚ ⊚ ⊚ …
赤 白 黄 赤 白 黄 赤 白 黄 赤 白 黄

式

答え ＿＿＿＿＿＿＿

4 赤，白，黄，青のおはじきを下の図のようにならべました。左から25番めのおはじきは何色ですか。〔10点〕

◎ ◎ ◎ ◎ ◎ ◎ ◎ ◎ ◎ ◎ ◎ ◎ ◎ ◎ ◎ ◎ …
赤 白 黄 青 赤 白 黄 青 赤 白 黄 青 赤 白 黄 青

式

答え _____

5 ご石を下の図のようにならべました。左から18番めのご石は黒ですか，白ですか。

〔10点〕

○ ○ ○ ● ○ ○ ○ ● ○ ○ ○ ● …

式

答え _____

6 赤，青，黄，白の色の順に色紙を輪にしてつなぎ，輪かざりをつくります。はじめから30番めの輪の色は，何色になりますか。〔12点〕

赤　青　黄　白　赤　青　黄　白

式

答え _____

7 出席番号順に，下のようにA，B，C，D，Eの班をつくることにしました。出席番号が25番の人は，どの班になりますか。〔12点〕

出席番号	1	2	3	4	5	6	7	8	9	10	…
班	A	B	C	D	E	A	B	C	D	E	…

式

答え _____

8 右の図は，ある年の12月のカレンダーの一部です。12月28日は何曜日ですか。〔12点〕

日	月	火	水	木	金	土
			1	2	3	4	5
6	7	8	9	10	11	12

式

答え _____

62 いろいろな問題④

1 全体の面積が100m²の土地があります。そのうちの$\frac{1}{2}$を花だんにしました。花だんの$\frac{3}{5}$にチューリップを植えました。チューリップを植えた面積は何m²ですか。

〔1問8点〕

① 花だんの面積を求めてから，チューリップを植えた面積を求めましょう。

式 $100 \times \frac{1}{2} = 50,\ 50 \times \frac{3}{5} = \boxed{}$　　答え $\boxed{}$ m²

② チューリップを植えた面積が，全体の土地の面積のどれだけの割合になるかを考えて求めましょう。

式 $\frac{1}{2} \times \frac{3}{5} = \frac{3}{10},\ 100 \times \frac{3}{10} = \boxed{}$　　答え $\boxed{}$ m²

2 しおりさんのクラスの学級文庫には200さつの本があります。そのうちの$\frac{1}{8}$が伝記の本です。伝記の本のうちの$\frac{2}{5}$が日本人の伝記の本です。日本人の伝記の本は何さつありますか。〔10点〕

式 $200 \times \frac{1}{8} \times \frac{2}{5} = \boxed{}$

答え $\boxed{}$ さつ

3 全体の面積が280m²の土地があります。そのうちの$\frac{1}{4}$を花だんにしました。花だんの$\frac{2}{7}$にヒヤシンスを植えました。ヒヤシンスを植えた面積は何m²ですか。〔10点〕

式 $280 \times \frac{1}{4} \times \frac{2}{7} =$

答え 　　　　　m²

4 全体の面積が300m²の公園があります。そのうちの$\frac{1}{3}$は広場で，広場の$\frac{2}{5}$はしばふになっています。しばふの面積は何m²ですか。〔10点〕

式

答え

5 全体の面積が450m²の公園があります。そのうちの$\frac{2}{5}$は広場で，広場の$\frac{1}{6}$はすな場になっています。すな場の面積は何m²ですか。〔10点〕

式

答え _____

6 ゆうなさんの学校の図書室には6000さつの本があります。そのうちの$\frac{3}{10}$が童話の本で，童話の本のうちの$\frac{5}{9}$が日本の童話です。日本の童話は何さつありますか。〔10点〕

式

答え _____

7 6年生全体の人数は240人です。そのうち虫歯になった人が$\frac{3}{5}$います。虫歯になった人の$\frac{5}{8}$は，ちりょうが終わっています。ちりょうが終わっている人は何人ですか。〔10点〕

式

答え _____

8 はるきさんの学校の児童数は1500人です。そのうちの$\frac{1}{6}$の人がかぜをひきました。かぜをひいた人の$\frac{4}{5}$は，すでになおりました。かぜがなおった人は何人ですか。〔12点〕

式

答え _____

9 全体の面積が2000m²の公園があります。そのうちの$\frac{3}{5}$は広場で，広場の$\frac{3}{8}$はしばふになっています。しばふの面積は何m²ですか。〔12点〕

式

答え _____

63 いろいろな問題⑤

答え➡別冊解答27ページ

1 ある仕事を仕上げるのに，お父さん１人では５日間かかります。仕事全体の量を１とすると，お父さんが１日にする仕事の量は，仕事全体のどれだけの割合ですか。〔8点〕

答え $\dfrac{1}{5}$

2 ある仕事を仕上げるのに，Ａさん１人では６日間，Ｂさん１人では12日間かかります。仕事全体の量を１として，次の問題に答えましょう。〔1問8点〕

① Ａさんが１日にする仕事の量は，仕事全体のどれだけの割合ですか。

答え _____

② Ａさんと␢さんの２人がいっしょに仕事をすると，１日にできる仕事の量は，仕事全体のどれだけの割合ですか。

式 $\dfrac{1}{6} + \dfrac{1}{12} = \dfrac{2}{12} + \dfrac{1}{12} = \dfrac{3}{12} = $ ☐

答え ☐

3 ある仕事を仕上げるのに，Ａさん１人では４日間，Ｂさん１人では12日間かかります。この仕事をＡさんとＢさんの２人でいっしょにすると，１日にできる仕事の量は，仕事全体のどれだけの割合ですか。〔8点〕

式 $\dfrac{1}{4} + \dfrac{1}{12} = $

答え _____

4 ある仕事があります。１日に全体の $\dfrac{1}{5}$ の仕事をしていきます。この仕事を仕上げるには何日間かかりますか。〔8点〕

式 $1 \div \dfrac{1}{5} = $ ☐

答え ☐ 日間

5 ある仕事があります。１日に全体の $\dfrac{1}{12}$ の仕事をしていきます。この仕事を仕上げるには何日間かかりますか。〔10点〕

式

答え _____

6 ある仕事を仕上げるのに，Ａさん１人では６日間，Ｂさん１人では12日間かかります。この仕事をＡさんとＢさんの２人ですると，何日間で仕上げることができますか。〔10点〕

式　$1 \div \left(\dfrac{1}{6} + \dfrac{1}{12} \right) = 1 \div \left(\dfrac{2}{12} + \dfrac{1}{12} \right)$

$= 1 \div \boxed{} = \boxed{}$

答え　$\boxed{}$ 日間

7 ある仕事を仕上げるのに，Ａさん１人では10日間，Ｂさん１人では15日間かかります。この仕事をＡさんとＢさんの２人ですると，何日間で仕上げることができますか。〔10点〕

式

答え　_____

8 小屋を建てるのに，Ａさん１人では20日間かかり，Ｂさん１人では30日間かかります。この仕事をＡさんとＢさんの２人ですると，何日間で仕上げることができますか。〔10点〕

式

答え　_____

9 水そうに水を入れるのに，Ａのじゃ口では12分，Ｂのじゃ口では24分でいっぱいになります。ＡとＢのじゃ口を同時に使うと，何分でいっぱいになりますか。

〔10点〕

式

答え　_____

10 畑の草取りをするのに，お父さん１人だと40分，お母さん１人だと１時間かかります。この仕事を２人でいっしょにすると，何分で仕上げることができますか。

〔10点〕

式

答え　_____

得　点

点

答え➡別冊解答 27・28 ページ

1 ひろとさんは，家から駅まで行くのに，歩いて9分かかります。家から駅までの道のり全体を1として，次の問題に答えましょう。〔1問6点〕

① 1分間に歩く道のりは，道のり全体のどれだけの割合ですか。

答え $\dfrac{1}{9}$

② 4分間に歩く道のりは，道のり全体のどれだけの割合ですか。

式 $\dfrac{1}{9} \times 4 =$

答え ___

③ 5分歩くと，残りの道のりは，道のり全体のどれだけの割合になりますか。

式 $1 - \dfrac{1}{9} \times 5 = \dfrac{\Box}{9}$

答え ___

2 たくみさんは，家から学校まで行くのに，歩いて12分かかります。5分歩くと，残りの道のりは，道のり全体のどれだけの割合になりますか。〔8点〕

式 $1 - \dfrac{1}{12} \times 5 =$

答え ___

3 あんなさんは，家から駅まで行くのに，走ると5分かかります。2分走ると，残りの道のりは，道のり全体のどれだけの割合になりますか。〔8点〕

式

答え ___

4 1分間に全体の道のりの $\dfrac{1}{10}$ を歩きます。全体の道のりの $\dfrac{1}{2}$ を歩くには何分かかりますか。〔8点〕

式 $\dfrac{1}{2} \div \dfrac{1}{10} = \Box$

答え ___ 分

5 1分間に全体の道のりの $\dfrac{1}{6}$ を歩きます。全体の道のりの $\dfrac{1}{3}$ を歩くには何分かかりますか。〔8点〕

式 $\dfrac{1}{3} \div \dfrac{1}{6} =$

答え ___ 分

6 ひかりさんは，家から駅まで行くのに，歩けば12分，走れば4分かかります。
ひかりさんは，はじめ3分歩き，そのあと走って駅まで行きました。〔1問5点〕

① 道のり全体を1とすると，走った道のりは，道のり全体のどれだけの割合で
すか。

式　　　　　　　　　　　　　　　　　　　　　　　答え　　　　　　　

② 走った時間は何分だったでしょうか。

式　　　　　　　　　　　　　　　　　　　　　　　答え　　　　　　　

7 えいたさんは，家から駅まで行くのに，歩けば12分，走れば6分かかります。
えいたさんは，はじめ4分歩き，そのあと走って駅まで行きました。走った時間
は何分だったでしょうか。〔10点〕

式　$1 - \dfrac{1}{12} \times 4 = 1 - \dfrac{1}{3} =$　　　　　答え　　　分

8 なつみさんは，家から学校まで行くのに，歩けば10分，走れば5分かかります。
なつみさんは，はじめ4分歩き，そのあと走って学校まで行きました。走った時
間は何分だったでしょうか。〔10点〕

式　　　　　　　　　　　　　　　　　　　　　　　答え　　　　　　　

9 ゆうきさんは，家から本屋まで行くのに，歩けば8分，走れば4分かかります。
ゆうきさんは，はじめ6分歩き，そのあと走って本屋に行きました。走った時間
は何分だったでしょうか。〔10点〕

式　　　　　　　　　　　　　　　　　　　　　　　答え　　　　　　　

10 みつきさんは，家から図書館まで行くのに，歩けば15分，走れば6分かかります。
みつきさんは，はじめ2分走って，そのあと歩いて図書館に行きました。歩いた
時間は何分だったでしょうか。〔10点〕

式

答え

65

いろいろな問題⑦

1 はるきさんとそうまさんは550mはなれたところにいます。2人は同時に向かいあって出発しました。はるきさんは分速60m，そうまさんは分速50mで歩いています。〔1問5点〕

① 2人は，1分間に何mずつ近づきますか。

式 $60 + 50 = \boxed{110}$ 答え $\boxed{}$ m

② 2人は何分後に出会いますか。

式 $550 \div \boxed{110} = \boxed{}$ 答え $\boxed{}$ 分後

2 だいちさんとさくらさんは630mはなれたところにいます。2人は同時に向かいあって出発しました。だいちさんは分速55m，さくらさんは分速50mで歩いています。〔1問5点〕

① 2人は，1分間に何mずつ近づきますか。

式 $55 + 50 =$ 答え   m

② 2人は何分後に出会いますか。

式   答え

3 かいとさんとあいりさんは960mはなれたところにいます。2人は同時に向かいあって出発しました。かいとさんは分速65m，あいりさんは分速55mで歩いています。2人は何分後に出会いますか。〔10点〕

式 $960 \div (65 + 55) =$ 答え   分後

4 ももかさんとさくらさんは1380mはなれたところにいます。2人は同時に向かいあって出発しました。ももかさんは分速60m，さくらさんは分速55mで歩いています。2人は何分後に出会いますか。〔10点〕

式   答え

5 　１周880mある池のまわりを，たくみさんは分速60m，かいとさんは分速50mの速さで，同じところから同時に反対方向に歩きます。２人は何分後に出会いますか。〔10点〕

（式）

答え＿＿＿＿＿＿＿

6 　１周1500mある池のまわりを，ひなたさんは分速65m，あおいさんは分速60mの速さで，同じところから同時に反対方向に歩きます。２人は何分後に出会いますか。〔10点〕

（式）

答え＿＿＿＿＿＿＿

7 　水が100L入る水そうに水を入れます。Ａのじゃ口からは１分間に15L，Ｂのじゃ口からは１分間に10Lずつ水を入れます。この２つのじゃ口を使って同時に水を入れると，水そうは何分でいっぱいになりますか。〔10点〕

（式）

答え＿＿＿＿＿＿＿

8 　水が240L入る水そうに水を入れます。Ａのじゃ口からは１分間に９L，Ｂのじゃ口からは１分間に７Lずつ水を入れます。この２つのじゃ口を使って同時に水を入れると，水そうは何分でいっぱいになりますか。〔10点〕

（式）

答え＿＿＿＿＿＿＿

9 　来月から，ゆづきさんは毎月100円ずつ，お姉さんは毎月200円ずつ貯金をすることにしました。２人の貯金の合計がちょうど1800円になるのは何か月後ですか。

〔10点〕

（式）

答え＿＿＿＿＿＿＿

10 　来月から，あさひさんは毎月150円ずつ，お兄さんは毎月300円ずつ貯金をすることにしました。２人の貯金の合計がちょうど2700円になるのは何か月後ですか。

〔10点〕

（式）

答え＿＿＿＿＿＿＿

66

いろいろな問題⑧

1 400m先を，分速50mで歩いている妹を，ゆうなさんが分速150mの速さの自転車で追いかけました。〔1問6点〕

① ゆうなさんは妹に，1分間に何mずつ追いつきますか。

式 150−50＝ 100

答え ☐ m

② ゆうなさんは妹に何分後に追いつきますか。

式 400÷ 100 ＝ ☐

答え ☐ 分後

2 600m先を，分速60mで歩いている弟を，あやとさんが分速180mの速さの自転車で追いかけました。〔1問6点〕

① あやとさんは弟に，1分間に何mずつ追いつきますか。

式 180−60＝

答え m

② あやとさんは弟に何分後に追いつきますか。

式

答え

3 780m先を，分速65mで歩いている弟を，はるきさんが分速195mの速さの自転車で追いかけました。はるきさんは弟に何分後に追いつきますか。〔10点〕

式 780÷（195−65）＝

答え 分後

4 750m先を，分速55mで歩いている妹を，えいたさんが分速180mの速さの自転車で追いかけました。えいたさんは妹に何分後に追いつきますか。〔10点〕

式

答え

5 1200m先を，分速150mの速さの自転車で走っているいつきさんを，お兄さんが分速300mの速さの自転車で追いかけました。お兄さんがいつきさんに追いつくのは何分後ですか。〔10点〕

式

答え _____

6 700m先を，分速120mの速さの自転車で走っているひかりさんを，お姉さんが分速170mの速さの自転車で追いかけました。お姉さんがひかりさんに追いつくのは何分後ですか。〔10点〕

式

答え _____

7 ひろとさんは450円の貯金があり，来月から毎月300円ずつ貯金しようと考えています。ただしさんには貯金がないので，来月から毎月350円ずつ貯金することにします。2人の貯金が同じ金額になるのは何か月後ですか。〔12点〕

式

答え _____

8 さくらさんは分速50mで歩いています。さくらさんが家を出て10分後に，わすれ物に気づいたお母さんが，分速150mの自転車で追いかけました。お母さんがさくらさんに追いつくのは，お母さんが家を出てから何分後ですか。〔12点〕

式 50×10＝500，500÷(150−50)＝

答え _____分後

9 だいちさんは分速60mで歩いています。だいちさんが家を出て15分後に，わすれ物に気づいたお兄さんが，分速210mの自転車で追いかけました。お兄さんがだいちさんに追いつくのは，お兄さんが家を出てから何分後ですか。〔12点〕

式

答え _____

67 いろいろな問題⑨

答え➡別冊解答 29ページ

1 つるの足は2本，かめの足は4本です。つるとかめがあわせて3びきいます。

〔1問6点〕

① 3びき全部がかめだとすると，足は何本になりますか。

答え | 12 | 本

② つるが1わ，かめが2ひきだと，足は何本になりますか。

答え

③ つるが2わ，かめが1ぴきだと，足は何本になりますか。

答え

2 つるの足は2本，かめの足は4本です。つるとかめがあわせて5ひきいます。足の数は全部で18本だそうです。〔1問6点〕

① 5ひき全部がかめだとすると，足は実際の数より何本多くなりますか。

式 $4 \times 5 - 18 =$ | 2 |

答え | | 本

② つるは何わいますか。

式 | 2 | $\div (4 - 2) =$ | |

答え | | わ

③ かめは何びきいますか。

式

答え

3 つるの足は2本，かめの足は4本です。つるとかめがあわせて6ぴきいます。足の数は全部で16本だそうです。〔1問6点〕

① 6ぴき全部がかめだとすると，足は実際の数より何本多くなりますか。

式

答え

② つるは何わいますか。

式

答え

③ かめは何びきいますか。

式

答え

4 つるの足は2本，かめの足は4本です。つるとかめがあわせて8ひきいます。足の数は全部で22本だそうです。つるは何わ，かめは何びきいますか。〔8点〕

（式）

答え _____

5 つるの足は2本，かめの足は4本です。つるとかめがあわせて12ひきいます。足の数は全部で34本だそうです。つるは何わ，かめは何びきいますか。〔8点〕

（式）

答え _____

6 50円切手と80円切手をあわせて10まい買ったら，代金は620円でした。50円切手と80円切手をそれぞれ何まい買いましたか。〔10点〕

（式）

答え _____

7 1個40円のみかんと1個90円のりんごをあわせて10個買ったら，代金は700円でした。みかんとりんごをそれぞれ何個買いましたか。〔10点〕

（式）

答え _____

8 1本80円のえん筆と1本100円のえん筆をあわせて20本買ったら，代金は1700円でした。それぞれ何本買いましたか。〔10点〕

（式）

答え _____

ひとやすみ

◆まほうじん
　9個のマスの中に1から17までの奇数だけを1つずつ入れます。たて，横，ななめの3つの数のそれぞれの合計が，すべて同じ数になるように，あいているところに数を入れましょう。

		11
17		
7	5	

（答えは別冊の31ページ）

68

6年のまとめ①

答え▶別冊解答 29・30ページ

1 1mの重さが$2\frac{2}{5}$kgの鉄のぼうがあります。このぼう$2\frac{1}{3}$mの重さは何kgですか。〔7点〕

(式)

答え _____

2 右の表は，ある日のとれたたまごの重さを記録したものです。
① 中央値は何gですか。〔7点〕

たまごの重さの記録

番号	重さ(g)	番号	重さ(g)	番号	重さ(g)
1	48	5	51	9	57
2	63	6	54	10	59
3	57	7	61	11	70
4	55	8	55	12	60

答え _____

② たまごの重さの平均値は何gですか。〔7点〕

(式)

答え _____

③ 右の度数分布表を完成させましょう。〔7点〕

④ 重さが55g未満のたまごの割合は全体の何%ですか。〔7点〕

(式)

答え _____

たまごの重さ

重さ(g)	個数(個)
45以上～50未満	
50～55	
55～60	
60～65	
65～70	
70～75	
合計	

⑤ 重い方から数えて6番めのたまごは，何g以上何g未満の階級ですか。〔7点〕

答え _____

3 カード16まいの重さをはかったら144gありました。このカード320まいの重さは何gですか。〔7点〕

(式)

答え _____

4 はり金の長さと重さの関係を調べたら，右の表のようになりました。

長さ（m）	0.5	1	1.5	2	2.5	3	…
重さ（g）	25	50	75	100	125	150	…

① はり金の長さを x m，重さを y g として，x と y の関係を式で表すと，どのようになりますか。〔7点〕

② はり金の長さが6mのとき，重さは何gですか。〔7点〕

答え

③ はり金の重さが250gのとき，長さは何mですか。〔7点〕

答え

5 あさひさんの家から学校まで1.5kmあります。縮尺が5万分の1の地図では，何cmの長さに表されていますか。〔7点〕

答え

6 50円のシールと80円のシールをあわせて15まい買ったら，代金は960円でした。50円のシールと80円のシールをそれぞれ何まい買いましたか。〔7点〕

式

答え

7 0，1，2，3，4の5まいのカードをならべて，2けたの数をつくります。できる数を全部書きましょう。〔8点〕

答え

8 厚さ4cmの板と10cmのブロックをべつべつに積み重ねていきます。積み重ねたときの高さが最初に同じになるのは何cmのときですか。〔8点〕

答え

69

6年のまとめ②

答え▶ 別冊解答
30 ページ

1 まわりの長さが72cmの正方形があります。この正方形の1辺の長さは何cmですか。1辺の長さを x cmとして式に表し，答えを求めましょう。〔7点〕

(式)

答え _____

2 $5\frac{1}{7}$ kgの食塩を $\frac{3}{7}$ kgずつふくろに入れます。何ふくろできますか。〔7点〕

(式)

答え _____

3 6年生の1組と2組の人数の比は8：7です。1組は32人います。2組は何人いますか。〔7点〕

(式)

答え _____

4 水が120Lまで入る水そうに，いっぱいになるまで一定の速さで水を入れます。

① 1分間に入る水の量を x L，いっぱいになるまでにかかる時間を y 分として，x と y の関係を式で表すと，どのようになりますか。〔7点〕

(式) _____

② 1分間に15L入れるとき，いっぱいになるまでに何分かかりますか。〔8点〕

(式)

答え _____

③ 20分でいっぱいになるには，水を1分間に何L入れるとよいですか。〔8点〕

(式)

答え _____

5 長さ16mのひもと長さ24mのリボンの長さの比を，かんたんな比で表しましょう。〔8点〕

答え _____

6 あさひさんの体重は28kgです。お兄さんの体重は，あさひさんの体重より$\frac{2}{7}$だけ重いそうです。お兄さんの体重は何kgですか。〔8点〕

(式)

答え _____

7 駅と学校は，縮尺が2万5千分の1の地図の上で14cmはなれています。実際には何kmはなれていますか。〔8点〕

(式)

答え _____

8 赤，白，青，緑，黄の5色の中から，3色を選びます。どんな組み合わせがありますか。すべての場合を書きましょう。〔8点〕

答え [   ]

9 全体の面積が2000m²の公園があります。そのうちの$\frac{3}{5}$は広場で，広場の$\frac{3}{4}$はしばふになっています。しばふの面積は何m²ですか。〔8点〕

(式)

答え _____

10 かのんさんは分速60mで歩いています。かのんさんが家を出て12分後にわすれ物に気づいた弟が，分速180mの自転車で追いかけました。弟がかのんさんに追いつくのは，弟が家を出てから何分後ですか。〔8点〕

(式)

答え _____

11 家から駅まで行くのに，歩けば12分，走れば6分かかります。はじめ4分走って，そのあと歩いて駅まで行きました。歩いた時間は何分ですか。〔8点〕

(式)

答え _____

1 次の ☐ にあてはまる数を求めましょう。〔1問10点〕

① Aさんが6時間かかる仕事をBさんがすると3時間かかる。AさんとBさんが一緒に仕事をすると ☐ 時間かかる。 （暁星国際中）

② 縦112cm，横294cmの長方形の土地に同じ大きさの正方形のタイルをしきつめます。タイルをもっとも少なくするには，1辺が ☐ cmのタイルを用意します。 （日本大学第二中）

③ 1600円のお金をA，B，Cの3人に分けるのに，AはBより200円多く，CはBより110円多くなるように分けました。このときAは ☐ 円受けとりました。 （法政大学中）

④ 灯油30Lの重さは25kgです。この灯油18Lの値段は1380円です。この灯油1kgの値段は ☐ 円です。 （広島学院中）

⑤ 四角形Aの面積をその面積の $\frac{1}{11}$ だけ増やすと，四角形Bの面積と等しくなります。このときBの面積をその面積の ☐ だけ減らすとAの面積と等しくなります。 （豊島岡女子学園中）

⑥ 5円玉と50円玉が合わせて39枚あり，その合計は870円です。このとき，5円玉は ☐ 枚あります。 （成城学園中）